AM I MAKING MYSELF CLEAR?
A Scientist's Guide to Talking to the Public

科学家与公众沟通指南

[美] 科妮莉亚·迪安 著　张会亮 译

上海交通大学出版社
SHANGHAI JIAO TONG UNIVERSITY PRESS

内容提要

　　本书系"科学传播书架"之一。气候变化、医学研究、太空探索等科学问题都以实际和深刻的方式影响着我们作为公民和人类的生活。理解这些问题背后的科学,才能做出合理的决定。通常人们很容易受到披着"科学"外套的谣言的影响。为了向公众传达事实,科学家必须发挥更积极的作用,使他们的工作能够被媒体和公众所了解。本书提供了实用的建议来改善科学家与政策制定者、公众和媒体之间的互动,向科学家展示了如何与公众交流、与媒体打交道,如何通过文章、网络、广播和电视向公众阐述他们的研究工作。

AM I MAKING MYSELF CLEAR?: A Scientist's Guide to Talking to the Public
by Cornelia Dean
Copyright © 2009 by Cornelia Dean
Published by arrangement with Harvard University Press
through Bardon – Chinese Media Agency
Simplified Chinese translation copyright © (2018)
by Shanghai Jiao Tong University Press
ALL RIGHTS RESERVED
本书中文简体版专有出版权属上海交通大学出版社,版权所有,侵权必究。
上海市版权局著作权合同登记号:图字 09 - 2017 - 349

图书在版编目(CIP)数据

科学家与公众沟通指南/(美)科妮莉亚·迪安(Cornelia Dean)著;张会亮译. —上海:上海交通
大学出版社,2018
ISBN 978 - 7 - 313 - 20543 - 8

Ⅰ.①科…　Ⅱ.①科…②张…　Ⅲ.①科学普及　Ⅳ.①N4

中国版本图书馆 CIP 数据核字(2018)第 276086 号

科学家与公众沟通指南

著　　者:[美]科妮莉亚·迪安　　　　　　　　译　　者:张会亮
出版发行:上海交通大学出版社　　　　　　　地　　址:上海市番禺路 951 号
邮政编码:200030　　　　　　　　　　　　　　电　　话:021 - 64071208
出 版 人:谈　毅
印　　制:上海盛通时代印刷有限公司　　　　经　　销:全国新华书店
开　　本:880mm×1230mm　1/32　　　　　　印　　张:5.625
字　　数:128 千字
版　　次:2018 年 9 月第 1 版　　　　　　　　印　　次:2018 年 9 月第 1 次印刷
书　　号:ISBN 978 - 7 - 313 - 20543 - 8/N
定　　价:48.00 元

版权所有　侵权必究
告读者:如发现本书有印装质量问题请与印刷厂质量科联系
联系电话:021 - 37910000

谨以此书献给一直帮助我的众多研究者和媒体记者，是他们让公众了解科学技术的伟大、危险和前景。

"给人们光明，他们自会找到路。"

——斯克里普斯公司（Scripps Company），斯克里普斯–霍华德报业集团（Scripps Howard Newspaper Chain）的创建者

目　录

第 1 章　向研究者发出的邀请

　　我是一位科学记者。这意味着,我关注科学与工程领域的重要又有趣的进展,与发现它们的研究人员交谈,了解这些进展背后的思想,然后尽可能地将信息传达给公众。

　　我喜欢这份工作。这不仅仅是因为科研令人着迷,尽管它确实吸引人,也因为科学家和工程师们很有趣味。通常,他们对自己的工作充满激情,而激情是一种迷人的特质。

　　在职业生涯之初,我并非一名科学作家,而是一个年轻的记者。我报道学校董事会会议、市议会会议、犯罪、飞机失事、交通事故和政治,甚至报道过一两件丑闻。我在华盛顿工作过一段时间,主要是报道国会的新闻,后来重返那里,编辑有关国内政策的稿件。

　　这些话题不如科学那么吸引我,但也很有必要提一下。人们可以了解到学校董事会是如何处理教师工资的事,知道分区委员会对已经计划的综合公寓设施工程作何考虑,甚至了解他们的参议员如何投票表决税收或贸易政策问题。人们能获得他们作为这个国家的公民所需要的信息。科学和技术也是如此,如今,除非人们了解这些领域的发展,否则无法作为公民充分发挥自己的作用。

　　乔恩·米勒(Jon Miller)是密歇根州立大学的一名研究公众对科学知识态度的研究员,他把当今与殖民地时期的新英格兰做了比较。

在殖民地时期的新英格兰，拥有财产所有权的白人男性在城镇会议中通过持有选票来管理城镇事务。米勒研究了那些会议上的记录，譬如建造围墙、开辟道路、挖井、禁止跳舞。他得出结论，人们可以对问题发表意见，即使他们是文盲，也要和许多选民一样进行明智的投票[①]，现在却不是这样了。

正如《科学家》杂志编辑理查德·加拉格尔在一篇文章中所说，"如果社会政策是要在合情合理的基础上决定的话，我们需要公众能够充分地了解到各方面的信息。从医保的前景以及如何为医保来买单，到对燃油征税，这所有的一切都会从更广泛的科学领域里获得更广泛的受益。更不用说，智能设计以及胚胎干细胞方面的进展了"[②]。

扩展到以下这些问题：如气候变化、改善我们的老化的基础设施、保护濒危物种、大规模杀伤性武器、医保政策、太空实验项目的理想目标等，人们没法对这些议题发表聪明的意见，除非他们理解这些议题下潜藏的技术问题，否则他们没法成为聪明的选民。

但人们不懂科学。在一次又一次的调查问卷后，他们表现出无知、迷信和不合理的思维模式，而且他们固执己见，这些问题和不好的思维模式就像嵌在人脑里一样。不幸的是，在政治、商业和其他领域，有很多人准备着从人们的这些思维弱点中牟利。

他们知道美国人尊重科学。研究美国（Research! America）是一个支持科学研究的组织，根据它所做的一个调查结果显示，87％的美国人说科学家是非常伟大的人或者科学家头衔是一种相当重要的名誉。科学家也是在调查中公认的最崇高的工作（与之相比，记者这个

---

① 个人交流。
② Richard Gallagher, "Wanted: Scientific Heroes," *Scientist*, July 18, 2005, 6.

行业的占比为 46%。)。[1]

所以,带着政治观点的人们尝试把他们的论点掩饰在科学的辞藻里,即使他们在歪曲事实,或者他们争论的问题不是科学或工程学可以来解答的。

气候变化是个极好的例子。气候变化的中心问题是:人类的活动改变了大气环境的化学成分,这会不会带来可怕的后果? 很久以前的回答是肯定的。唯一存在的问题是价值观问题,比如今天的人们是否有权利继续享受碳燃料带来的美好生活,而以牺牲未来几代人的利益为代价,或者是政策问题,比如碳税或总量管制与排放交易计划是否是解决问题的更好方法。

但是,反对行动的人非但没有正面面对这些问题,反而推迟了几十年,认为气候变化的科学结论太脆弱,不足以采取可能扰乱经济的行动。只有当政策制定者以及选民了解足够多的科学知识,他们才能有效地面对潜在的问题。

任何关注新闻的人都可以举出许多其他的例子。有些人认为,乔治·W·布什(George W. Bush)政府将这种"欺骗行为"变成了一种高雅艺术。他的政府一次又一次被曝光操纵科学以达到政治目的,通过谎报事实,放大科学不确定性,压制真相。

除布什和其右翼政客外,这一派别的"艺术家"还另有他人。例如,虽然之前主要的民主党人似乎比主要的共和党人对科学更有所了解——如卡特总统接受过核工程师的训练,而副总统阿尔·戈尔(Al Gore)则了解互联网,即使实际上并不是他发明了互联网。左

---

[1] Bridging the Sciences Survey, 2006, Charlton Research Company for Research! America, described by Mary Woolley at the American Association for the Advancement of Science (AAAS) Forum on Science and Technology Policy, Washington, DC, May 8,2008.

翼政客也并非无辜，他们歪曲科学以适应所谓的事实。例如，尽管戈尔 2006 年的电影《一个难以忽视的真相》（*An Inconvenient Truth*）生动地使气候变化问题引起了数百万美国人的关注，但它却直逼气候变化的科学共识底线，有些人会说这会让人感到不安。

环境和健康倡导团体也提出了自己的不平衡主张。制药公司、医生和病人群体常常声称，某些特殊的治疗方法有好处，但其实还有待证明。或者他们断言，一些防腐剂含有汞的疫苗与自闭症有关系，其实并不存在这样的关系。

与此同时，联邦政府的技术基础组织遭到了侵蚀，这些组织曾经是人民和公职人员寻求公正的专家建议的地方。国会的技术评估办公室已经被废除。在布什政府中，白宫科学顾问办公室的影响力和声望被降低了，之前的奥巴马总统扭转了局面。自从冷战结束以来，科学专业力量已经从许多政府机构中流失了，他们曾经理应为自己的技术能力感到自豪。

因此，我们发现，在一个科学经常被歪曲的社会中，关于价值观的争论常常被认为是合法的科学争论。因此，人们会变得如此失望和困惑，以至于他们放弃了科学和工程专业知识作为他们投票时可以依赖的指导来源。

作为一名科学记者，当然我相信更好的新闻会帮助扭转局势。但是新闻业务正处于一段混乱的时期。随着报纸发行量的下降，互联网正在获得越来越多的广告收入，因为用户花越来越多的时间在网上获取新闻。虽然新闻组织在网上花费越来越多的资源，但他们到目前为止还没能找到像报纸一样的方式赚钱。

同时，有线电视频道的增殖和互联网的发展已经减少了电视网的观众。联邦通信委员会条例的改变导致媒体所有权更为集中与所谓公众利益的消除,进而鼓励减少新闻开支。

　　编辑部的经理们为了寻找削减成本的方法,删除有关科学的部分,尽管仍然有一些关于工程或生物技术的新闻似乎短期对市场有影响。科学记者被打击或直接解雇,留下越来越少得不到支持的科学记者去报道日益增长的重要且复杂的话题。期待这种境况变好不太现实。

　　然而我很高兴地说,这并不是普遍的现象。在我工作的《纽约时报》,科学新闻一直受到重视。作为报刊的新闻编辑,我们经常把科学和健康问题作为报纸的重点(少有的做法),这一与众不同的特征可以把《纽约时报》与共竞争者区分开来,并吸引和留住读者。我认为我们的管理是正确的,我想知道为什么其他新闻部门没有采用我们的方法。

　　因为他们不这么做,记者们发现他们用越来越少的资源在这些复杂的科学问题方面做着挣扎,谁能帮助我们? 研究人员。

　　但是研究人员被要求不能把时间花在研究以外的事情上。对于大多数科研人员,他们的工作要求就是要有足够的资金。一位著名的气候专家曾经抱怨科学新闻质量如此低劣,说离开工作的每一分钟都是浪费时间。此外,许多研究者蔑视大众媒体这个舞台,因为重要的工作往往被误传或炒作。他们不太可能被授予终身职位,赢得个大满贯,又或者升职,只是因为他们在新闻中被提到过。斯坦福大学的荣誉校长唐纳德·肯尼迪(Donald Kennedy),在美国艺术与科学学院告诉观众:"在标志性的博士学位授予部门,学生很少被要求学习交流技能。"当他们在培训关于沟通科学这一罕见的情况下,他补充道,"通常听到的意见是他们应该把注意力集中在论文上。[1]"

---

[1] Donald Kennedy, remarks at the American Academy of Arts and Sciences, Cambridge, MA, February 13, 2008.

　　事实上，肯尼迪说，如果学生对交流研究有兴趣，他们会被要求去上肯尼迪所说的"被萨根化的危险"的讲座。他指的是所谓的"卡尔·萨根效应"（Carl Sagan effect），它以康奈尔大学天体物理学家卡尔·萨根的名字命名。众所周知他被美国科学院婉拒就是因为他的公共电视系列《宇宙》在大众中获得成功。

　　这种思维模式必须改变。但在此之前，难怪许多研究人员对记者的询问有一个简单的反应：他们无视这些电话。这种做法很不幸，因为他们可以做很多事情来帮助记者。如果他们更多地参与我们国家的公共生活中，放弃他们的制度沉默，让他们的声音在学术刊物之外听到，他们就可以做得更多，可以在我们的公开辩论中注入大量的理性。

　　所以在这本书中，我的目标是，讨论公众理解科学和技术的障碍，讨论这些问题发生的新闻背景，并确定研究人员参与这个话语讨论的方法，提出有用的经验。

　　这本书不是学术著作，也不是一本技术之作。它不可能是一本万能的指南，尽管有这一愿景。但我希望它能让研究人员知道，如果他们向公众伸出援手，他们能预料到会发生什么事情，并将为改善他们与决策者、公众以及像我这样的记者的互动提供有用的线索。更重要的是，我希望这本书能让研究人员相信，把他们的工作和其他人的工作传达给公众对社会是很重要的，也是对他们时间的宝贵利用。

　　当然，没有哪本书可以把某个人变成卡尔·萨根、雷切尔·卡森或史蒂芬·杰伊·古尔德。但幸运的是，读过这本书的研究人员将学会如何与公众对话，与媒体打交道，将自己的作品描述给在纸上、网上和"空中"的观众。他们将会学到一些关于立法、诉讼和其他领域的沟通知识。我将讨论公众对科学和技术的知识和态度；新闻环境,特别是关于这些问题的新闻;研究人员如何成为记者好的素材来源;如何参与到美国全国范围内的诉讼、决策、政治和其他的更广阔的公众生活。

如果你是一名研究人员,我希望你能吸取这本书上的知识,并在公众参与的职业生涯中应用它们。如果你决定反对书中的观点,我希望你至少能支持那些已经参与的人并给予表扬而不是嘲笑。

这本书远不是解决这个问题的唯一努力。忧思科学家联盟在其出版物《科学家指南:如何与媒体交流》中涵盖了一些这方面的内容。美国科学促进会(American Association for the Advancement of Science)已经与国会合作,为科学家和工程师提供指导。它还开设了实习项目,让科学家和工程师进入知名新闻媒体的新闻编辑室,并进入联邦官员和国会议员的办公室。像帕卡德基金会(Packard Foundation)和皮尤基金会(Pew Foundation)这样的组织支持每年培养少数精英科学家在国家公共话语中发挥更大作用的项目。美国大学正在着手解决这些问题,对科学领域的研究生进行培训。(事实上,这本书是在我在哈佛大学任教的研讨会上起步的。)

当然,没有特别的理由接受我的建议作为福音。不过,我希望这本书能让你思考在更广阔的世界里研究人员的正确作用,以及你如何能尽你所能地去发挥这作用。如果你这样做了,你将会帮助我们把事情做得更好。

第2章　了解你的受众

几年之前，在一项关于超感官知觉的实验中，我是大约一百名参加者中的其中一个。我们大多数都是美国科学记者或未来的科学记者。实验者是乔什·特南鲍姆(Josh Tenenbaum)，一位麻省理工学院的科学家。他告诉我们，他有一枚一分钱的硬币。他说他会抛五遍，每翻一遍他都会发出来自心灵的光线进入房间告诉我们硬币是正面还是反面。我们所有人都会试着收到他的信号然后写下我们收到的信息。在实验结束时我们会知道谁有超感官知觉，谁没有。

他抛硬币，我们写答案。他抛，我们再写。最后一次抛完之后，他问我们有多少人感知到他抛出的硬币是"正正反正反"，约 1/3 的人，包括我，回答：是。他又问有多少人感知到他抛出的硬币是"反反正反正"(正好和上一结果相反)，有 1/4 的人举手了。

然后他问我们有多少人认为这枚硬币每次落下的结果都是正面或都是反面。我们谁也没有想到会是"正正正正正"或"反反反反反"，尽管如此，从统计学上看，它们与"正正反正反"或"反反正反正"出现的可能是一样的。

然后他告诉我们，当然，并没有心灵光线这种东西，实验无关超感官知觉。相反，它是用来证明人们关于统计数字随机性的错误想法的。我们知道随机性看起来像是"正正反正反"或"反反正反正"这样，但我们错了。①

特南鲍姆指出美国人对于科学认识的三大欠缺：我们不能理性思索；不懂得科学方法；我们知道的不多。

现在看来美国人不怎么喜欢学习科学。事实上，当美国科学院的臂膀美国研究委员会，调查十年级刚开始和结束时学生学习生物学的情况发现，课程结束的时候他们的兴趣比一开始要少很多，生物课通常是十年级学生的第一门严肃的科学课程，这样的学习体验不是鼓励他们去探索自然与工程，而是毁掉他们的兴趣。

大学的研究已经解释了这是为什么，原因多归结于教学质量问题。教学顺序是错误的，生物、化学、物理，而不是相反的顺序，那样会更有科学意义，我们长期的反知识的传统（甚至在《纽约时报》新闻上我听到有人几乎炫耀其为数学盲），实验室练习，更像遵循着食谱，而不是在探索旅行中。我特别讨厌的是，大学中的科学入门课程不能吸引学生对数学或化学感兴趣，而是使学生丧失兴趣。

对于我们而言，我们足够清楚，高中甚至大学的数学和科学课程的学习是多么无聊和令人沮丧。难怪许多美国人不知道地球绕着太阳转一年，分子比原子大，不管是不是基因工程，植物和动物都有基因。

也许结果是，人们不关注科学。美国最大的非营利公众教育倡议联盟——研究美国组织的一项调查表明：当美国人被要求说出一个活着的科学家的名字时，74％的人回答不出，史蒂芬·霍金（Stephen Hawking）被 8％的参与者提名，但其他科学家没有人超过 1％。他们写出来的活着的科学家的名字有 1955 年逝世的爱因斯坦（Albert

---

① Presentation by Josh Tenenbaum at Medical Evidence Boot Camp, Knight Science Journalism Fellowships at MIT, Cambridge, MA, 2003.

Einstein),还有一个是当时代言抗胆固醇药物立普妥出了问题的罗伯特·雅维克。[①]

根据同一项调查,当人们被问及是否能说出任何附近的从事研究的机构、公司或组织时,许多人(包括 40％的马萨诸塞州人、53％的加利福尼亚州人和 57％的得克萨斯州人)都一无所知。

比忽视科学事实更可怕的是忽视科学研究的方法,科学着眼于自然,回答关于自然的问题,通过实验和观察来检验这些答案。只有通过观察和实验后,得出的答案才是有效的。

公众对科学的这些特性的无知正好说明了为什么一些聪明人认为神创论和其具有类似观点的"智能设计论"适合科学课上讲授。他们不明白这一理论依赖于一个超自然实体的行动不是科学的,这是从启蒙运动开始就普遍接受的观点。

我们的推理同样存在缺陷。举个例子,我们作结论,鉴于结果的影响,我们推断出原因,而不是观察相互关系。对我们来说,生动的轶事比大量的数据意味着更多。

我们不是概率地推论的,这抛硬币不仅仅指抛硬币,我们不理解,例如,如果一个现象在人群中广泛而随机地发生,那就会有地方集中出现一个群体,比如说一个癌症群,如果群体不存在,分布太均匀,那不可能是随机的。

几十年前,赫伯特·乔治·威尔斯(H. G. Wells)写道,在科技社会里,公民懂得如何阅读和写作是不够的,他们还得懂统计学。可以想象一下如果美国的科学家和工程师们联合在一起,并要求美国教

---

① Bridging the Sciences Survey, 2006, Charlton Research Company for Research! America, described by Mary Woolley at the AAAS Forum on Science and Technology Policy, Washington, DC, May 8,2008.

育考试服务中心(它管理 SAT 和其他标准化测试),将更多的精力放在统计学上。我猜想益处会更多。

在任何情况下,都有这些错误的思维模式,因此美国物理学会在华盛顿的代表人物、马里兰大学的物理学家罗伯特·帕克(Robert Park),把人脑称为"信仰引擎,对概率定律一无所知"。[①] 不管怎样,他也指出,在美国信念不会被认为是妄想,而是作为坚定和勇气的标志。相比之下,"证明它!"所包含的怀疑主义是科学探究和工程精确的核心特征,常常被描绘为吹毛求疵。

与此同时,对科学原理的无知会导致人们不信任科学。许多人相信,一项研究将会发现一种永远都将存在的事实,一种接一种。其实他们不明白,研究反而是一种笨拙的机制,它在开始后缓慢发展,而它不断扩张的知识之路却因盲目的小巷和毫无结果的弯路而变得复杂。当研究人员在为如气候变化的重大问题,或者像喝咖啡一样微不足道的话题互相叫板时,普通美国人并不欣赏他们寻找真相的强烈程度,相反,他们认为"那些科学家们到处都是,他们不知道自己在说什么"。

在我看来,正是这种对科学研究的无知,以及对科学或技术事实的无知,导致如此多的美国人信奉神创论、占星术和不明飞行物。

关于这一点的统计数据是根据询问的方式而变化的,但是美国科学基金会在 2008 年对科学态度的调查中发现,少数美国人,大约 45%,接受进化论,这个比例在多年来一直保持稳定。调查还发现,我们大多数的公民都认为占星术至少是有点科学性的,而且大多数

---

① Robert Park, Voodoo Science: The Road from Foolishness to Fraud (New York: Oxford University Press, 2000),35-36.

人相信有些人拥有心灵的力量。[①] 帕克说,这就是为什么他的当地书店拥有的关于不明飞行物的书籍是科学书籍的三倍。这也可能解释了为什么几乎每天的报纸都发表一份每日星座占卜,而很少有对科学的定期报道。

在阿尔伯特·爱因斯坦和马克斯·普朗克的时代以前,生物学家赫胥黎(T. H. Huxley)可以把科学当作"仅仅是训练和有组织的常识"。我想,这个定义仍然讲得通,但在一个相对论和量子力学的世界里,它就讲不通了。关于现实的常识已经被打破了。仅仅是一些看似荒谬的事情已经不再是任何事情的证据。随着研究变得越来越神秘,越来越奇怪,越来越专业化,只有科学家或工程师才能评判他们同事的工作——进一步把他们与我们其他人分开。

风险的问题说明了人们对科学讨论的非理性。从理论上讲,风险有一个公式(风险暴露/发生几率)×(危害程度)。但是人们不将风险公式化,这也是为什么人们在工业化国家,明明应该比任何时代的任何人都更远离风险,现在却比以往任何时候都更担心风险,也是为什么在科学相关政策问题的讨论中,风险往往是中心的问题,甚至是唯一的问题。

一些研究人员说,这也许是因为我们越来越依赖于新技术了,这些新技术具有强大的效果,我们无法计算它们的风险。同时,我们也更富裕了,所以我们就有了损失更多的风险。我们越来越不信任我们过去依赖的机构,如宗教权威、商业领袖和政府官员,尤其是当对风险的辩论越来越政治化的时候。

---

① National Science Foundation, *Science and Engineering Indicators 2008* (Arlington, VA: National Science Board, 2008).

　　对影响人们担心的事及理应担心却不担心的事的因素已经有了大量研究。例如，我们更有可能害怕我们不能控制或不能看到事情，以及人为的、陌生的、新生的事物。

　　正是这些因素使我们整体上更加害怕坐飞机，即使开车的危险性更大；害怕农药残留而不吃水果和蔬菜，尽管不吃的危险更大。当疯牛病在法国出现时，一些评论家一边猛吸着高卢牌香烟，一边刻薄地针对发出警告的人。同样地，更多人担心患上疯牛病，而不担心吃牛肉会患上动脉硬化。

　　因此，毫不奇怪，当涉及风险感知时，技术专家和普通大众之间存在显著差异。1990 年，当美国环境保护署（EPA）对其科学家和公众对环境风险进行调查时发现，公众最担心的是石油泄漏、危险废物和放射性物质的释放。美国环境保护署的科学家们将这些担忧放在了他们的名单的底部，因为这些担忧对他们的影响相对有限，而且是短暂的。他们游行的原因在于全球变暖、臭氧层破坏、栖息地破坏和生物多样性丧失。与科学家一起工作的人们将危险化学品和农药列为关注事项。

　　然而，在一个民主国家，公众舆论很重要，因此，社会经常关注能够引起公众较大担忧其实风险较小的问题，而真正的风险问题往往都置之不理。如果人们能更好地接受科学和技术的教育，那么像风险感知这样的问题就不会那么麻烦了。但改善教育只能为我们提供有限的帮助。我们大多数人在离开学校后才学习到我们作为公民需要学习的大部分科学知识。

　　如今三十几岁的人在他们的高中或大学时代没有学过干细胞，因为这个领域在那时尚未出现。类似的，反导弹防御、渔业私有化，甚至气候变化都不在大多数美国成年人读高中时的课程中。假设有人让你向现在还在读中学的孩子所在未来二三十年内作为选在要面对的科学问题，你能做到吗？不管你怎么想，答案是否定的。我们认为公民的科学并不是我们在学校里读到的教科书中所收集的事实，而是那些在社会中面对新问题的前沿发现。

懂技术的公众必须对科学方法和统计知识有一定的了解。作为公众中的一员必须知道价值判断与事实陈述之间的区别、假设和理论之间（在科学意义上）的区别。当它们被报道时，他们必须能够对研究结果有某种意义上的常识。

但即使他们达成了一种乌托邦式的理解，他们仍然需要有人来报告最终的结果，并解释它们的意思。

谁来做这件事？记者。

第3章　新闻界的风景

　　像我一样传统的(主流的)新闻工作者成长于 20 世纪初,那时新闻出版商接受了报道新闻"无惧、公正"的观念,这是《纽约时报》创始人、家族的元老阿克斯(Adolph Ochs)的座右铭。这一职业的理念用一句古老的谚语概括就是:"给安逸者以苦痛,给苦痛者以安慰。"它称之为一项职业的原因是:独立、客观、公正,以及与掌权者的敌对关系。

　　但是我更喜欢另外一句话,是斯克里普斯-霍华德报纸集团(Scripps Howard newspaper chain)的座右铭:"给人们光明,他们自会找到路。"这听起来也许很幼稚,但是这句格言概括了我从事新闻业的原因。

　　在 20 世纪的大部分时间里,新闻调查和精心报道的记者们努力工作,开拓新领域,照亮社会的各个部门。他们形成有效的"影子政府",影响较大。在有负责任的报纸的地区,理论上所有政府部门——法院、警察局、市政厅、教育委员会、州立法机关、国会、管理机构、白宫——几乎到处都有记者在。

　　正是在这个职业环境中工作的记者曝光了"水门事件",公开了五角大楼文件,并且揭露了政府的各种腐败行为。随着时间的推移,他们赢得了公众的支持,更重要的是获得了最高法院的支持。

从 20 世纪 60 年代开始，最高法院扩大了第一修正案中禁止政府干预新闻媒体的禁令。法院不仅禁止政府"事先压制"——禁止记者发表新闻，而且最高法院认为自由和有活力的新闻媒体对民主至关重要。结果就是，它保护新闻媒体免受诽谤诉讼和其他诉讼，除非记者有不诚实的行为或者证据确凿的过失。

其结果造就了世界上独一无二的媒体环境，在这个环境下，新闻媒体获得了不同寻常的自由。免除诽谤法给负责任的新闻工作者一个通行证，比如说，在一个重要的公共问题上，无论他们是有意还是无意地犯了一个诚实的错误，使相关的政府官员或其他人所谓的名誉受损，他们都免于起诉。法院的理由是，惩罚新闻记者的诚实错误将会使他们的报道受到影响。

因此，在美国，没有任何一个要求记者必须归属的全国性组织，没有任何授权机构，没有任何必须。实际上，如果人们宣称自己是记者，他们就是记者①。作为一名记者，我拥抱这种新闻自由。但这是有代价的。遭受记者们错误骚扰的无辜者可能没有什么追索权。缺乏执照监管的记者，意味着，他们可以报道他们想要报道的任何东西，不管他们是否了解所报道的东西。其结果可能是低质量的报告，尤其是在高度复杂的学科领域——比如科学和工程。

此外，当它陷入"公说公有理，婆说婆有理"式的情况中时，那种全面、公平、准确的报告模式并没有很好地发挥作用，尤其是在技术领域中存在争议的特殊问题。因此，主流记者都在想，他们所做的新闻是否足以维持一个民主社会的运转。一些人正在尝试新的范例。

---

① Scott Gant, *We're All Journalists Now: The Transformation of the Press and Reshaping of the Law in the Internet Age* (New York: Free Press，2007).

　　福克斯新闻(Fox News)评论提供了一种新方法。这是一种成功的尝试吗？我的答案是"不"。至少有一项调查发现，观看福克斯新闻的人越多，他们被误导的也就越多。另一种新的范例是所谓的"公民新闻"，即新闻媒体采用一种说教的姿态，就公众所面临的问题进行说教，而不是简单地报道新闻。这种模式是成功的吗？我会再一次说"不"。这样做所带来的结果往往是枯燥无味的。

　　一些基金会自己也有出版物。举三个例子，佛罗里达州的《圣彼得堡时报》(*St. Petersburg Times*)、康涅狄格州的《新伦敦日报》(*New London Daily*)以及阿拉巴马州的《安妮斯顿星报》(*Anniston Star*)。它们必须赚足够的钱来生存，但它们不需要满足华尔街的需求。这是未来的新闻模式吗？有可能。

　　最近，曾经是美国主要日报之一的明尼阿波利斯《明星论坛报》(*Star Tribune*)的一些记者组织了一个非营利在线日报。他们做出这个决定是因为，一轮又一轮的开支削减和收购严重削弱了报纸的新闻报道能力[①]。底特律、西雅图和其他地方的报纸正在转向全部或部分在线出版。

　　所有这些都是传统新闻的变种。但是传统的新闻业仍然是一种典型的范式吗？如果不是，什么会取代它？

　　一个答案可能是个性化的网站或博客。根据博客搜索引擎"Technorati"的说法，截至 2008 年，每天都有 8 万个新的博客被创建。该网站称，博客圈的规模每隔五个半月就翻一番。

　　志趣相投的人们创建博客，形成共同体；博客已经成为大众传播

---

① Brian Lambert, "Twin Cities Editor Planning Online Daily," *New York Times*, August 27, 2007, C5.

媒介的重要组成。大众媒体从业者在博客上追看头条,这已经不是什么新鲜事了。一个理想状态,博客可能是扩大"短暂的日常会话"的一种途径。像《纽约时报》这样的报纸也在自己的网站上建立了博客。

但考虑到它们的庞大数量,有多少博客拥有广泛的读者群?答案应该是非常少。也许这是一件好事。除非它们有很高的编辑标准,否则,一些博客可能会因充斥着谣言、阴谋论、怪异的想法等而终结。普通读者可能很难区分内容是否可靠而真实。

当人们在浩如烟海的信息里搜寻他们想要了解的内容或材料收集时,这种令人困惑的信息源激增的情形将最终让人们回归主流媒体,无论是纸质还是在线形式。不管怎样,现在新闻业最大的问题不是新闻来源太多,而是关注新闻的人太少。

这个问题并不新鲜。以新闻行业的"渗透率"(即家庭订阅一份日报的百分比)来衡量,在美国,报纸的阅读人群在 20 世纪 20 年代末达到顶峰。报纸阅读人群随着收音机(唱片和有关家庭音乐的其他设备)的出现开始下降,随着电影和电视的出现,持续不断下降。然而,现在,这一趋势仍在加速,而且销售收入也在下降。诚然,在线读者人数在不断增加,但还不够;而且,收入也还没有跟上——至少是不够。

根据哈佛大学政治和公共政策索伦斯坦新闻中心(Shorenstein Center for the Press)最近的一份报告,年轻人(青少年和年轻的成年人)对新闻的兴趣远远低于老年人,且他们之间的差距正在扩大[1]。

---

[1] Thomas Patterson, *Young People and News*, a report from the Joan Shorenstein Center for the Press,Politics and Public Policy,John F. Kennedy School of Government,Harvard University,July 2007.

这项调查并不仅仅依赖于被调查者对新闻阅读和新闻阅读习惯的回答,因为人们习惯性地夸大他们对新闻的关注程度。相反,调查通过询问他们当天的重要事件来测试他们的回答。结果令人沮丧。研究人员发现,当人们说他们经常关注新闻,他们真实的意思是"有时候"[①]。

与此同时,作为商业的新闻业也陷入了深深的困境。随着媒体集团收购大型新闻机构,独立发声的出口越来越少。随着华尔街对大众媒体的前景越来越不安,投资者开始将媒体股票当作垃圾债券进行投资,要求更高的回报。现在对于一家报纸来说,要求获得20％、25％或30％的股本回报率是司空见惯的事情,这在投资行业中是闻所未闻的。在这个行业中,7％的回报率被认为是平均水平。(即使是在 2006 年企业回报率最高的年代,甚至连埃克森美孚的回报率也不到 20％。)

新闻机构怎么能获得这样的回报? 通过削减新闻采集的预算,这使得记者们很难有时间、金钱和空间来将他们的故事登在报纸上或进行广播。通常,科学报道是第一个牺牲品。

关于科学研究的报道还有另一个问题,一个不那么容易解决的问题。这就是研究人员所做的与普通记者所认为的新闻之间的严重不匹配。

我这么说是因为多年来新闻从业人员和学者们很少就"新闻"的定义达成一致。约瑟夫·普利策(Joseph Pulitzer),19 世纪一家连锁报纸的创始人,新闻业的最高奖项——普利策奖——就是以他的名

---

① Thomas Patterson, *Young People and News*, a report from the Joan Shorenstein Center for the Press, Politics and Public Policy, John F. Kennedy School of Government, Harvard University, July 2007.

义成立的。普利策说过，新闻包括娱乐、公共服务和信息，这是一种模糊的定义，足以包括任何东西在内。《纽约先驱报》（*New York Herald*）的斯坦利·沃克（Stanley Walker）在其 1934 年出版的自传《城市编辑》（*City Editor*）中，为新闻提供了一种头韵体的定义："女人、截肢和不道德的行为（women，wampum and wrong doing）。"[①]

比尔·布莱克默（Bill Blakemore）是美国广播公司电视新闻（ABC）的资深记者，他在哈佛大学的一次研讨会上对我的学生们说，他对新闻的定义是，一旦人们了解了它，他们就会认为"我很高兴我学到了这些"。我最喜欢这个定义。

但最终，所有的定义要么就是太有限，要么就是过于宽泛。我们只能用最高法院大法官波特·斯图尔特（Potter Stewart）著名的一句话来解释了。他说当他无法定义色情作品时，一旦他看到，他就知道那就是色情。这就是记者所说的"新闻判断"——一种直觉，了解人们想要知道的东西，他们将要谈论的东西，以及他们在出版物、广播或网站上期待看到的东西。

然而，还是有一些特点使一个问题或事件比另一个更具有"新闻价值"：

> 广度。覆盖范围广或影响到很多人——比如说，夏天的热浪，它比同样的小范围的天气现象更有新闻价值。
>
> 强度。事件的影响非常深远——比如，致命的热浪，它比几乎没有人注意到的事件更有新闻价值，即使被很少人注意到，而

---

① Stanley Walker, *City Editor* (1934; repr., Baltimore: Johns Hopkins University Press, 1999), 44.

且只有少数人能明确地感觉到它。

后果。如果某个东西或事件将产生重大的反响——如果它将改变医疗做法、推动股市，或者关闭一条高速公路，那么它更有可能成为新闻。

名人效应——涉及的人或机构的名望或重要性。就像老话说的那样："名人就是新闻。"

近距离，或者是"本地角度"。这就是为什么《科学》和《自然》杂志出版研究论文时，总会指出研究人员的工作地点——他们知道新闻媒体喜欢报道他们所在地区的人。

及时性。法国作家安德里·嘉德（André Gide）曾将新闻报道描述为任何晚一天的报道都会比今天更无趣的事情。这几乎总是正确的。这是记者们通常更感兴趣的是追踪他们自己第一个发现的故事（独家新闻），而不是追逐竞争对手的独家新闻的一个原因。

新鲜事物。这很明显。

人的利益。这同样明显。

当前性。当前性就是某一主题突然变成了每个人都在谈论的东西。20世纪60年代，贫穷就是一个人人都在谈论的话题，现在气候变化正享受着这样一个繁荣时期。

正如你所见，一个特定新闻的相对重要性随时间、地点的不同而不同。而且，第一版面纸只有一页（实际上，记者们几乎都不把它叫做"头版"），晚间新闻广播平均只有半个小时（在扣除商业广告和宣传广告时间之后，实际上只有大约18分钟）。尽管这些限制在网络时代已经消失了，但大多数新闻机构仍然受限于他们自己的报道和编辑预算,以及他们的观众的关注跨度。简而言之,空间以及读者和观众的时间和注意力至少在某种程度上是有限的。

当你报道新闻时,你必须回答记者所说的"然后怎样呢?"的问题。菲利普·M. 博费(Philip M. Boffey)是我的前任之一,他曾是《纽约时报》杂志的科学编辑,他经常提醒他的工作人员,读者想知道的是什么,为什么要告诉我这个,为什么是现在?

有一些新闻媒体,比如《纽约时报》,"因为它很酷"的答案就足以把一些东西放到他们的报纸上,甚至是头版。但是在其他媒体工作的记者必须拿出一个更有力的理由来,才能给你的故事以时间、空间和金钱。

电视和广播带来了更复杂的情况。虽然有些人下载或录下全部或部分常规节目,但如果他们有什么困惑的话,大多数人仍然无法依靠再次播放这些节目就能解惑。电视和广播报道必须在第一次听时就清楚明了。因此,复杂的故事在广播上是很难处理的。故事必须讲得很好。关于科学或工程发展的故事常常会是这种情况,许多新闻主管不得不去解决这些问题。

此外,关注新闻价值可能会导致新闻工作者对真正长期重要的事件和趋势关注不够。几年前,《经济学人》杂志邀请它的读者说出自该杂志 1850 年创刊以来最重要的新闻事件。以下是他们列出的清单:

（1）女性地位的巨大变化

（2）弗洛伊德精神分析的发展

（3）达尔文的进化论

（4）共产主义的发展

（5）法西斯主义和极权独裁主义的崛起

（6）汽车的发明

（7）电和它的分支（从光、电报到电视、电影）

（8）基于肤色的奴隶制的终结

（9）作为政府一种形式的君主政体的终结

（10）对空间的征服

　　你可能不同意他们的选择。如果是我拉出这样的清单，我会删去一些，再加进一些。这个清单有趣的是，列出的事件有一种共同的品质：它们不是支离破碎的、一次性的。它们不是大多数人认为的那种新闻，就是比如"警察说，今天……"之类的新闻。它们中的许多都是缓慢的、渐进的过程，这些过程在一段时间内实现了某种成果，在进行的过程中却几乎无法察觉。

　　正如我的《纽约时报》同事安德鲁·C.列夫金（Andrew C. Revkin）所言，你不太可能拿起报纸或登录新闻网站时看到头条新闻的标题是"全球变暖爆发"。这不是一个故事。

　　作为一名研究人员，你并没有太多的能力去改变这些系统性的新闻问题。但是你可以意识到它们并补救它们。

第 4 章　涵盖科学

1978 年纽约市陷入了极大的财务困境,《纽约时报》也出现了这种状况。报社的应对办法很典型,就是扩大版面。

当时,时报有两个部分,一个是头版,另一个是"城市前线",这两块以纽约及周边地区的新闻为特色。新的时报有四个部分,分别是头版、城市、商业和一个根据每个工作日而变更的话题。话题备选情况是,周一是体育,周三和周四是食物和房间装饰,周五则是周末话题,如电影评论、音乐会等。那么问题是:星期二是关于什么的呢?经营这家报纸的业务部门高管们的建议是时尚,它是潜在的广告收入的有力来源。但是,时任该报执行主编的阿贝 · 罗森(Abe Rosenthal)坚称,这个版块应该是知识。这样就有了《科学时代》(*Science Times*)。

有一段时间,这一版块并不是特别受广告商欢迎。但是《纽约时报》无论如何都支持它。很快,它的广告受众增长了,《科学时代》成为了科学技术报道的典范。而且星期二报纸的销售量比其他时间的都多。

我经常讲这个故事,因为我对《纽约时报》拥抱科学报道的方式感到自豪。同样,这种对科学的强调也激励了其他报纸进行类似的努力。到 20 世纪 80 年代末,由于计算机和计算机相关广告的增长,数十家报纸每周都有科技页面或版块。这十年也见证了科学和工程杂志的创立和成长。

但这个故事并没有一个皆大欢喜的结局。今天，大多数报纸已经放弃了它们的科学版块，而那些还保留科学版块的报纸绝大多数都关注健康，都是"你可以应用的新闻"，比如药店货架上的产品、饮食、锻炼计划，等等。

因此，1934 年成立的美国科学作家协会（National Association of Science Writers）的 2 400 名会员中，只有不到 10％的人是报纸、流行杂志、广播和电视的全职记者或编辑，这或许不足为奇[1]。9％的人在专业杂志或时事通讯社工作。约 40％为自由作家，为各种各样的出版物写稿，其他则是大学、政府机构、私人公司和其他组织的公共信息官，或者是新闻专业的教师或学者。

像美国有线电视新闻网（CNN）这样的新闻机构废除了科学报道团队，全职科学记者队伍也在缩减，科技的覆盖面也在缩小。当涉及科学和工程的时候，记者几乎没有技术背景。这是一个潜在的问题。

即使在《纽约时报》，我们中的一些人（不包括我）在科技方面训练有素，我们也难以区分昙花一现的发现与真正重要的发现，或者辨别哪些科研人员得到他们同事的支持，哪些被认为是离群者。我们是一个庞大而且（相对）慷慨支持科学的新闻工作团队。而我们遇到的麻烦，通常是记者在报道政治或城市规划时突然发现他们陷入一个关于克隆的故事，或冷聚变，或濒危物种，或其他科技问题。

科研人员在被记者的表现激怒时，善于把这些问题记在心里。

---

① Cristine Russell, "Covering Controversial Science: Improving Reporting on Science and Public Policy," Working Paper 2006‐04, Joan Shorenstein Center for the Press, Politics and Public Policy, Harvard University, 2006.

但当我和科研人员谈论科学技术的报道时,我发现,新闻报道的不称职是永恒主题之一。2003 年使我更确信了自己的发现,当时我写了一篇文章,是关于科学家与公众对话的必要性,结果从世界各地的实验室发来的邮件像暴风雨般向我涌来[1]。

大多数的作者都先是赞扬这篇文章,并且认为我的观点很重要。但他们并没有就此止步。一些科研人员说他们向记者谈论自己的科研工作,却发现被疯狂炒作。一位科研人员在一篇关于同事对媒体的糟糕经历的文章中写道:"科学家并不为这篇文章感到自豪,反而觉得他的名字出现在文章中很尴尬。"

另一位则写道:"荒谬的引用……比比皆是。"而真正的问题是,新闻记者并不报道真正的研究。"极少有文章说'然而,另一个特别复杂和枯燥的实验再一次证实了在这一领域的每个人接受了三十年的结论'"他写道,科学进步"不是因为一两个证据,也不是因为一篇新闻文章,而是大量的证据;一个论点或假设,反反复复、一次又一次地被实验。这一点很少被传达"。

他当然是对的。但这类事情并不是"新闻"。

南希·巴伦(Nancy Baron)是加州圣芭芭拉的科学与海洋传播合作机构(Communication Partnership for Science and the Seas)的科学传播学专家,她在主持研讨会帮助科学家们去了解如何与记者和公众交流时也有类似的发现。当她问他们对新闻媒体的哪方面不满时,一些答复便反复出现:

---

[1] Cornelia Dean, "Rousing Science Out of the Lab and into the Limelight," *New York Times*, November 11,2003, F10.

记者过分卖弄他们的故事。

新闻报道没有提供足够深度的信息来帮助读者或观众形成观点。

记者们不知道重要的是什么，而是强调可能更吸引人（更性感）但不重要的方面。

记者不能理解，因此不能准确地解释研究的非线性/或基于概率的方面。

记者们把科学问题与价值问题混为一谈。

记者们用错误假设来完成他们的报道。

记者们寻找争议，或者寻求错误的"平衡"。

在所有的怨言中，相当令人惊讶的是常常遭到诟病的一个："新闻记者没有对我的研究领域给予足够的关注。"

巴伦说，这些问题是不幸的，也是不必要的，因为科研人员和记者都很相似。我们都很好奇。我们渴望找到一些东西，与他人分享信息，争先去做一些事情。我们善于分析。对于每一个新发现或报告，我们会问，这是什么意思？它的含义是什么？我们对自己的工作和他人的工作持批评态度。我们是一群积极性高、坚持、争强好胜而且独立的思想家，敢于挑战权威，无论是传统的科学、工程还是其他领域的权威（"给安逸者以苦痛"）。

但我们也有很大的不同。

尽管许多科研人员认为，科学记者并不是科研的倡导者。也许曾经，我们可能是。美国科学作家协会在其建立之初，已经将推动科学事业的发展作为一项明确目标。

《纽约时报》的科学作家威廉·L. 劳伦斯（William L. Laurence）

曾经被临时调到曼哈顿计划（Manhattan Project，1942 年美国研制原子弹的秘密计划的代号），并且搭乘过一架轰炸长崎的追击飞机。尽管劳伦斯曾在原子时代到来之初就为《纽约时报》效力，但他后来也一直为美国政府和原子弹科学家撰写新闻稿。事实上，他后来被指控：在美国政府的要求下，故意隐瞒了在日本的核辐射。

今天，新闻记者与政府机构之间的这种关系将是不可接受的（尽管有些人会与在伊拉克战争中的战地记者们进行一些令人不舒服的类比）。

但是，科研人员和记者之间还有其他更基本的区别。

科研人员深入研究事物，关注细节。记者们寻找一个快速的概述。对于记者来说，细节不仅仅是一件麻烦事，而且肯定会干扰一个连贯故事的讲述。科研人员和记者经常在关键细节和不必要的混乱之间划清界限。

也许是因为他们的资助环境，科研人员强调问题，而不是答案。新发现可能解释更多的已知世界，但真正的实际效果可能会打开一扇值得研究资助的新问题的门。在与记者的谈话中，科研人员可能强调一些有趣的发现本身的不确定性，记者则可能会想象典型的编辑的咆哮："别告诉我你不知道什么，告诉我你知道什么。"

此外，科研人员是理性的，而记者们却在寻找人类情感的元素——研究的挫折和乐趣，"眼含泪水或者喉咙哽咽"，作为一名编辑，我曾有过切身感受。记者之所以采用这种方法，不仅是因为它通俗易懂，而且还因为它吸引了读者、观众或听众。如果记者能找到一种更加符合人们喜好的方式来讲述故事。他们相信，那将会有更多的受众注意到它。

最后的一点区别是，我们以不同的方式讲述故事。科研人员根据证据得到结论。记者首先报告结论,然后他们搜寻尽可能多的细节,然而他们通常遗漏科研人员认为是至关重要的事实。这种讲故事的区别是科学家和记者之间存在众多争议的背后原因。

因此,正如巴伦所说,毫无疑问,科研人员将记者视为:

对准确度不够关心的

肤浅的

哗众取宠的

专注于争议和不安的

无知的

不道德的

为了得到故事而不择手段的

同样地,我们也无须惊讶,记者认为科研人员是:

无聊的

吹毛求疵的

容易把事情搞砸的

对过程过分感兴趣的

不能清晰地表达出底线,或(陷入日常工作)只见树木,不见森林

使用一些晦涩难懂的术语

这些看法是科学新闻最糟糕的问题吗? 不——最糟糕的问题是,新闻的客观性。

第5章 客观性的问题

我在 2003 年写过一篇关于科学家参与新闻记者活动的必要性的评论,这篇文章部分受益于民意调查人丹尼尔·扬克洛维奇(Daniel Yankelovich)发表在美国科学院(the National Academy of Sciences)的出版物《科学和技术的问题》(*Issues in Science and Technology*)中的一篇文章①。扬克洛维奇写到,科学家们抱怨:"发现他们自己在媒体上深深陷入与持相反意见者、狂热者及受雇的托儿的对抗中无法自拔。"

"持有这种观点的科学家们已经确切地指出了这一问题",我在评论中写道。努力做到客观的记者们试图把故事的各个方面都讲出来。但对我们而言这并不容易,科学常常不止一面——或者要知道哪方面必须被注意,哪方面又能适当地被忽视。当我们为了寻找平衡而撒了太大的网时,事情就会变得比它们之前更加复杂,更加地令人困惑。

你可以列举一大筐这样的事例:气候变化(确有其事,人类正在加速其改变);艾滋病毒(HIV)和艾滋病(AIDS)(确实是此病毒导致

---

① Daniel Yankelovich, "Winning Greater Influence for Science," *Issues in Science and Technology*, Summer 2003. Cornelia Dean, "Rousing Science Out of the Lab and into the Limelight," *New York Times*, November 11,2003, F10.

了此疾病）；疫苗的防腐剂是导致自闭症的原因（不是）。在任何领域总是会有一些杰出的人支持那些所谓的不同政见。布什总统就否认气候变化，而对于传统的美国记者来说公开指责总统错了是一件棘手的事。HIV 病毒的否认者之一是南非总统姆贝基（Thabo Mbeki）；而疫苗和自闭症之间的联系在公众的心里更是根深蒂固，这归因于 2008 年新试点的系列电视节目的主题［美国广播公司（ABC）的《神奇律师》（*Eli Stone*）］，当时，科学家们包括美国儿科学会（the American Academy of Pediatrics）都反对这个试点节目，美国广播公司回应说这个节目展示的是两方面的立场。

正如我在 2003 年写的，"如果你不是专家，区分天才和疯子，甚至区分主流和边缘，都不是一件容易的事情"。而对于记者来说，就更难了。这一结论绝对是正确的，正如我的文章出版后，一位研究者在给我的电子邮件中说："一位科学家所发表言论的价值绝不是取决于这位科学家的权威性而是源于调查数据的完整性，然而我发现有些记者总是忘记这一点。"

我们没有忘记这一点，我们也不会妄自推断。

作为记者，我们总会自然而然地生疑。我推断这种爱生疑的属性在一定程度归因于斯坦福大学气候专家斯蒂芬·施莱德（Stephen Schneider）所说的"法庭认识论"，指人们在参与政治决策的一些争论时，不承认一件事情可能有很多方面，故意遗漏一些复杂的事实证据，甚至断章取义。因此在"法庭认识论"中，没有人有义务站在对方的立场。

记者常常遇到这样的"法庭认识论"，以至于我们开始期待它出现。我们甚至可以在它不存在的地方看到它。（也许这就是为什么很多人认为我们是愤世嫉俗的。）所以当一位科学家提出一方之见时我们就会生疑。就我们自身而言,我们无从知晓,证据是什么样的。为了给我们的观众呈现出公正而又准确的新闻报道,我们会尽可能报道"故事的正反两面",即使一面比另一面弱很多,甚至是另一面几乎不存在。结果就是,环境作家尤金·林登(Eugene Linden)所说的"体制化了的过度异议[1]"。

亚利桑那州大学物理学家劳伦斯·M·克劳斯(Lawrence M Krauss)声称科学家与记者一旦谈到客观性时,他们之间总有一种"内在张力"。克劳斯曾经公开谈论关于公立学校教授"神创论",及其他相关问题。他说,记者试图告诉人们"故事的两面","但在科学领域一方经常是错误的。"对于克劳斯来说,记者坚持"在没有平衡的地方找寻平衡"这一事实本身就令人恼火[2]。

巴伦(Baron)在做科学传播研究问卷调查时,一个被调查者在问卷上写道:"我几乎要被'公平与平衡'这一概念与'给予边缘理论以同等的研究时间'的类比逼疯。例如,听众或读者总是留下在某一领域的专家们之间存在分歧这一印象,而事实是分歧只是少数人发出的声音或者只是存在于一些不合格的局外人之中。"[3]

我们可以看到这种事情发生在几乎所有的科学新闻之中,也许其中最臭名昭著的一个例子就是有关气候变化的报道。对于气候变化持有不同意见者(他们不应该被认定为"怀疑论者",因为"怀疑论"是,或者说应该是所有调查研究者共同默认同一看法)所达到的统一程度甚至超过了他们在这一领域所有的建树。

---

[1] 私人交流。

[2] Lawrence Krauss, remarks in panel discussion organized by *Scientific American*, Columbia University, October 26,2006.

[3] 私人交流。

正如一位加州大学圣地亚哥分校的历史科学家内奥米·奥莱斯克斯(Naomi Oreskes)发现在她已知的所有研究报道中将近有一千则报道都接受了人类活动促使气候发生改变这一观点。但大多数报纸对调查结果的报道都包括了持不同意见者的声音。

我在报道中遇到的客观性问题是关于在公立学校教授进化论的争论。为了使神创论及其意识形态能在与进化论的所谓"辩论"中争得一席之地，新闻编辑室可能要承受巨大的压力。但除非有人能对这一理论作出可信的科学挑战，否则就没有辩论可言。更重要的是，神创论和与其相仿的理论都依靠超自然的介入——从定义上来说是非科学的标志。但这一争论大多数人都不太理解，他们认为给另一方一个机会才是公平的。

记者们很难理解这一点，考虑到布什总统公开宣布进化论这一问题还没有定论，尤其是考虑到已经有了一些名望和地位的人——如果不把来自科学家的尊重放在考虑之内——支持进化论。就像克莱斯说的"那里面有很多的混蛋，其中有些人甚至有博士学位"。[1]

我最终找到了合适的话语来总结这一情况，我相信这样说已经很准确了："在这个世界上没有可信的科学理论来取代进化论解释生物复杂性和多样性。我在写有关进化论的文章时常用这样的句子，但我为此而受到了批评。在一些网站上，神创论者称之为"科妮莉亚的信条(Cornelia's Greed)。"

关键是，辩论和分歧是科学的标志，尤其是在科学与政策相交汇的地方。记者们很难同意用华而不实的语言撰稿是一个好主意，当

---

[1] Naomi Oreskes, "Beyond the Ivory Tower: The Scientific Consensus on Climate Change," Science 306 (December 3,2004): 1686.

我们记者自己失去判断力时,我们只能写出那些没有丝毫新颖亮点的报道。实际上,我们将整个问题交给了我们的读者(或观众、听众),我们甚至连他们认识问题的深度都达不到。

我们在为自己辩护时,根据我们自身的经验就深知仅仅"跟随科学共识"是远远不够的,有些共识存在一定的问题,而有些共识甚至是全盘错误的。这让我想起了那些坚持认为胃溃疡可以由一种特殊的微生物——幽门杆菌(Helicobacter pylori)感染引起的澳大利亚医学家,直到他们的想法在被证明是完全正确之前一直被当时的主流科学大众大肆嘲笑,他们因此赢得了去斯德哥尔摩(Stockholm)"旅游"的机会并获得了由瑞典国王颁发的一枚奖章。另一位科研人员也遇到了类似的滑稽可笑的事情,当他在理论中提出疯牛病是由他称之为"朊病毒"的病毒引起时他也遭受了旁人的嘲讽,而最终他也到达了斯德哥尔摩。

《纽约时报》记者安德鲁·C. 列夫金(Andrew C. Revkin)写过有关气候变化的文章,他试图描述出偏离科学主流的一些持不同意见者们的声音。事实是,他也无能为力。不过我思考的是,仅仅在新闻文章中提到某人就能说明他的观点值得人们关注吗?

有人说我们记者应该首先努力提高自己以使得我们自己有科学的判断力,这是美国广播公司的布莱克摩尔(Blakemore)提出的。布莱克摩尔作为一名战地记者及罗马教廷记者的职业生涯结束后,他突然发现自己是因特网上有关气候变化的首席记者。

虽然我钦佩他的活力四射和勤勉,但我看到了这种方法的一些问题。首先,现在少有新闻机构会给记者们像曾经美国广播公司给布莱克摩尔那么充裕的时间去了解并掌握一些复杂问题,就像气候变化等之类的问题,特别是那些带有传统的怀疑色彩的新闻报道和它们背后专业视野过于狭隘的记者们。令人生惧的是记者距离他们的资源太近了。因此记者了解越多关于他所报道的内容，他的老板越可能担心他了解得太多而把他派遣到另一工作岗位上。

即使是聪明勤奋的记者就一些复杂的科学技术问题有时候也很难有自己独立的判断。记者们担心这个问题很多年了。大学里的新闻专业已经扩展了他们的课程，甚至是开展了有关整个科学报道及观点的项目活动。一些组织提供暑期学院、一学期或一年的项目，或者是关于科学和技术的短期"新兵训练营"以帮助记者提高他们的技能。每年，促进科学写作理事会（the Council for the Advancement of Science Writing）、环境记者协会（the Society of Environmental Journalists）和其他团体为了让记者们了解最新最尖端的研究成果及发展而提供了为期一周的课程。

但谁参加呢？一些新闻机构举办的活动让有时间的记者参加，甚至报销了他们的旅途费用。（许多记者利用他们的假期自费参加一些此类活动。）关于那些为期一学期或一年的项目，很多潜在的参与者都担心他们的手头工作——甚至他们的工作——在他们参加项目结束后是不是还能保留。在这个记者渐渐消退的时代，尤其是在调查认知方面，这方面的担忧绝不是空穴来风。

客观性的问题还没有现成的解决办法。对我来说，这是目前为止在科学与工程报道领域最棘手的问题。在我看来，只有通过科学家和工程师们的帮助我们才可以解决这个问题。

第 6 章　作为信息源头的科学家

在一部可能被遗忘的电影《浪漫喜剧》(*Romantic Comedy*)中,达德利·摩尔扮演的角色警告自己的一个要接受记者采访的朋友。"他是一名记者,专靠写那些让人猝不及防的文章为生。"

被记者采访是许多科研人员所担心的一件事,他们生怕向记者透露一些不该说的话。当被问及他们如何应付记者时,他们通常会回答说:"我不接听记者的电话。"

这一做法毫无疑问是错误的。即使你像一些科研人员一样认为为了保护自己这样做无可厚非,但那些事实总有一天会被人们挖掘出来,而后不可避免地进入公众的视野。当事实比较复杂或者说是未被公众所熟知时,科研人员就会以一种普通大众及记者们无法理解的口吻进行解释说明。他们甚至会保持沉默,就像化学家、诺贝尔奖获得者罗德·霍夫曼(Roald Hoffmann)在《美国科学家》(*American Scientist*)的一篇报道中写道:"现在的科研人员既没有真正理解也不寻求科学所需要的支持和资助,也没有应该做 A 事而非 B 事的判断力,甚至不愿意去克服一个看似不可逾越的失败。"[1]

---

① Roald Hoffmann, "The Metaphor, Unchained," *American Scientist* 94 (September-October 2006).

在一个理想的社会里,你可能会将自己的研究成果以一种能激发人们思考的方式传达给其他人。至少,你会想以一种不会引起误解的方式来阐释自己的观点。这种美好的愿望容易实现吗?当然不,但你可以通过这种方式极大地提高你成功的几率。

解决这一问题的第一步就是要认识到为什么这么多的科学家与记者之间会存在这种问题。原因之一在于:双方在采访之前做的准备都不够充分。作为一名记者,我承认在采访前准备得不充分确实是我们记者的一大通病。即使我们在资源丰富的新闻机构里工作,我们也从来赶不上我们所涉猎的各个领域的各种令人应接不暇的新发展。一家新闻机构往往只有一位专门负责科学这一领域的撰稿人,有些机构甚至连一位都没有。记者们因此没有提前做好准备。科研人员需要认识到这一事实而后想办法解决。

当一个记者打电话给你

所以,让我们来想象一下:有记者要采访你或者是其他人的工作。下面是采访过程中可以应用的一些简单步骤。

首先了解一下记者来电想了解的主要内容。(但如果进一步的沟通表明此次采访的焦点可以转换的话,也未尝不可。)了解交稿的最后期限及采访的具体时间。同样拥有一个小时的采访时间,就当下的焦点问题进行采访所需要收集的信息量远小于就一项还不知前景如何的项目的采访。

既然你已经知道了记者采访的焦点所在、采访的时长,那你就应该寻求更多的时间以陈述自己的想法,也就是说,告诉记者你会在来电结束之后给他回电,如果通话时间比较短的话可能是在五分钟之后,如若不然,则可能在他来电之后的一个小时之内或是一天、几天之后。在此强调一下，通话时长至少应为五分钟。即使是已经到交稿的最后期限的记者也可以给你五分钟的时间。但是除非你确实有回电的打算，否则不要轻易允诺记者。

如果采访之前你有充足的时间的话，可以在谷歌上搜索即将为你做采访的记者，看看她之前写的一些文章是不是比较令人满意，是否存在一些错误？是否传达了一些普遍的错误信息？准备好到时候纠正她。或许你会发现一些让你不想接受她采访的原因，当然我不希望出现这样的情况。但如果你一旦决定不接受她采访的话，你可以直接给记者回电告诉她你可能没办法接受她的采访（你无需告诉她具体的细节原因）。

如果你同意接受采访，那么想象你对自己所探究的领域一无所知。然后想一想在这一领域你必须要掌握的内容以及在阅读一份报纸或观看一段电视节目的时间里你能理解多少这一领域的相关信息。然后选出你最想与记者分享的一到两个点，最多不要超过三个。思考一下怎样用最清晰、最简单的语言让记者明白你所阐释的问题——保留那些至关重要的细节的同时舍弃一些相关的混乱细节问题（虽然这样做好像有点不近人情）。

斯科特·摩根（Scott Morgan）和巴雷特·瓦特尼（Barrett Whitener）在他们的《论科学》（*Speaking about Science*）一书中提到了"万能幻灯片"，这一幻灯片是每个科学家为同行做演讲时都会用到的。[①] 这一幻灯片包含了所有最重要的研究发现，同时也将所有的数据连成一个连贯的整体。幻灯片上的内容都易于描述且易于理解。

---

① Scott Morgan and Barrett Whitener, *Speaking about Science: A Manual for Creating Clear Presentations* (Cambridge: Cambridge University Press, 2006).

如果你要做一场专业的演讲，你可以好好利用这一幻灯片。同样如果你要接受记者采访的话，你也可以好好利用它。这就是你要传达的信息。

你可以在五分钟之内做好这一准备吗？可能不行。做好准备意味着你在记者表达任何关于你工作的想法观点之前就想好自己说的话。如果你足够机智的话，你一定会提前做好准备。事实上，任何时候只要有朋友或者亲人问你在实验室做什么的时候，都是你完善自己即将要阐释内容的机会。练习并不一定会让你变得完美，也不一定会让你变成一位媒体明星，但一定会让你在台上侃侃而谈，让你的表述更简单易懂。我的演讲嘉宾——在埃德尔曼公共关系（Edelman Public Relations）任职的弗兰克·考夫曼（Frank Kauffman）2008 年五月在康涅狄格（Connecticut）的康沃尔郡（Cornwall）西部的奥尔多·利奥波德领导项目（Aldo Leopold Leadership Program）会议对所有参会人员说："你在采访中必须有自己的话说而不是仅仅回答记者的问题。"

考夫曼是我在《普罗维登斯日报》（*Providence Journal*）的同事，后来又成为《巴尔的摩太阳报》（*Baltimore Sun*）旗下的一名记者。他将采访看作是传达信息的机会，"信息并不是事实而是一种看法。事实就像数据一样是用来证明信息的，也就是说信息比事实囊括的范围更大。"他说道。

所以花点时间找出你的观点，然后想想怎样陈述你的观点。想象一下如果你没法展示一张照片或是画出一幅画的话，你将如何描述你的工作。"它看起来像……表现得像……动起来像……"这样相关的类比或恰当的比喻既帮助记者了解你，也帮助记者向她的读者阐释你的观点。

如果你做过演讲，那么肯定有听众无法理解。你可以看到他们眼中飘过几丝不理解，当你和记者谈话时，注意观察她也可能有同样不理解的表情。这种观察在面对面采访中比在电话采访中要容易得多。但即使是在电话采访中，你依旧可以察觉到些许线索，注意听记者的问题和评论是否有逻辑、是否清晰，留心观察记者是否跟得上你的节奏。

同样，试着在一开始就确定记者要问多少问题，并了解其中有多少是错误的。如果你发现有关于你所在领域普遍存在的错误认识或人们经常犯的错误，明确地向记者提出。跟着采访进行的节奏，但同时也要留意一些看似无关的事，比如说记者是否能理解你所说的话。在你告诉她之前，她可能无法理解什么是关键的、什么是次要的。

如果事情并不是非黑即白的，你可以明确说出并强调这一点。同时考虑一下对你来说处于灰色地带的事件对报纸或电视机观众来说却是非黑即白的。

当提及数字时，要提及它们意味着什么——举个例子说明它们的意思。比例和比率较数字而言更容易理解，但它们又具有一定的欺骗性。例如，说自然界的一种物质可以使人们患某种特定的癌症的几率变为原来的两倍比说这种物质使此几率由千万分之一提高至千万分之二听起来可怕得多。提前考虑这个问题，努力用最清晰、最准确的方式给出自己的数据，甚至可以提前为记者准备一张图表。

事实上，要花一些时间考虑记者在报纸上、电视节目中或网上怎样描述你的工作。美国科学基金会和美国科学促进协会将其归结于将信息可视化。"科学和工程最强大的并不仅仅局限于语言。"想想照片、地图、视频、图表、草图和其他一些你可以提供的"艺术"。就像《纽约时报》的图表总监史蒂夫·丹尼斯（Steve Duenes）（当我是一名科学编辑时,他是科学方面的图表编辑)在一次在线讨论中说,提前确定好"有趣且重要的数据模式"以便于新闻机构在需要时可以展示它们。[①] 如果可能的话,在采访开始之前就将这些图表交到记者的手中。

如果英语不是你的母语而你要接受一场英语采访,建议你在采访开始之前和那些愿意为你更正任何错误的以英语为母语的同事和朋友用英语进行交流(讲母语的人应该都能干这件事但有些人干不好)。

当你与记者交谈时,想想弗兰克·考夫曼所称的桥段技术——架桥、立旗帜、不断重复。

架桥就是说当你被问到一个与你想讲的内容不相关的问题时的应对措施。当这种情况发生时不应该驳回问题而应该努力将话题引到你想说的问题上,就像考夫曼说的那样。用像这样的句子"是的,另外"或者"是的,但真正的问题是"或者"至关重要而值得我们记住的是"(当然,如果问题可以用一两个词就可以解释清楚的话直接回答问题就可以。比如说"你在哪里教学?""伍斯特理工学院")。

当你被问到超出你所研究领域的问题而你想谈论另一方面时,你可以采取"架桥"。你可以以这样的话开头,"你所说的这一方面我不太了解,但我知道的是……"

如果被问的问题你真的不愿多谈,你可以尽量多说一点之后再继续。考夫曼说前总统比尔·克林顿(Bill Clinton)一直擅长于应用这一技巧。克林顿在 1992 年的总统竞选中被要求接受新闻节目《六十分钟》(*60 Minutes*)采访,关于他是否在阿肯色州(Arkansas)与一

---

① "Talk to the Newsroom: Graphics Director Steve Duenes," www.nytimes.com, posted February 25,2008.

名女性搞婚外情,他首先承认他破坏了自己的婚姻,而后则是堂而皇之地将话题引到了美国民众所关心的问题上。换句话说,他并没有驳回或是直接不回答这个棘手的问题而是成功地将话题带到自己有话可说的方面。

立旗帜,简单地说就是让记者知道什么是重点,一直保持头脑清醒,也就是说让记者明白那些他应该在笔记本上标明下划线或画星形标记。用一些比较严肃的话语引出重要问题,像"最重要的一点是……"或"如果别的问题你记不住……"这样的话语对于记者而言是至关重要的。

最后,再次重复你的观点。就像考夫曼在奥尔多·利奥波德领导项目中说的"一次绝对不够"。

一些其他的建议:

不要打断提问者。(这一条建议理论上来说应该没有那么必要,但就我作为记者的个人经历来说,这一点还是相当的重要。)考夫曼建议在你听完问题准备回答之前在心里默数两秒。

当记者明白你的观点之后停止说话。

学会在一定的时间里引导记者问完所有的问题。一定要记清你准备要说的话和你准备要澄清的事实。告诉记者要怎样引出你的回答。(如果记者忘记提问,给他一些暗示。)

记住记者并不是你的朋友。如果他打电话或者发电子邮件向你问问题,他可能是想找你举证某一问题,尤其是当采访你的记者已经花了一段时间去了解你的领域或是你认识的人时,千万不要用与朋友或同事谈话的口吻回答他的问题。

我曾经给一位我认识的科学家发电子邮件,询问他对被吹捧为一种无碳发电技术的看法时,他给我电子邮件的回信是:"我知道那都是鬼话连篇。"几分钟之后,我收到了他的另一份回信,回信称:"如果你想引用我的观点的话,我会就你的问题发给你一封更加专业化的回信。"最好第一时间提供专业的回复。

对于记者而言,与接受采访的人讨论是他们的工作,因此在谈话中不要涉及你的私人问题,不要乱发脾气,不要因为你觉得愚蠢的问题而变得不耐心,考虑一下记者了解的知识确实没你多。

不要觉得这些准备没什么用。把它安排在你的工作日程中。优先考虑这项任务,你不必把自己变成一位媒体明星,但你有可能变成有用的信息来源。演员艾伦·阿尔达(Alan Alda)在系列电视连续剧《美国科学前沿》(*Scientific American Frontiers*)中与许多科学家们合作,得出了一些表演方法。他曾经跟我说:"此类训练本身无法创造出有感情的天才,但却已经帮助很多没有天赋的人成为合格的演员。"①

原声摘要是你的朋友

当一位记者打来电话时,她是在寻求一句简洁的包括了一切大家都能理解的总结性话语。换句话说,她需要原声摘要以便播出。

对于大多数科研人员而言,这种需要证明新闻本身就是一项肤浅的、毫无意义的甚至困惑欺骗大众的产业。但是新闻需要原声摘要,如果你不给记者提供的话,他们会去其他地方寻找或是自己合成。他们自己找的或是合成的肯定是没有你自己说的准确而有说服力。所以最好准备好你自己的。

美国疾病控制与预防中心(The Centers for Disease Control and

---

① 私人交流。

Prevention)在 1990 年的被称作"调查卫生事件集群的指南"
(Guidelines for Investigating Clusters of Health Events)事件中证明
了这一点。健康事件中的集群如癌症集群,或是在某一学校儿童自
闭症高发这一集群事件——不是任何邪恶甚至是危险的标志。但
是,正如我们所看到的,人们并不会将这一消息看作是一条好消息,
相反,他们会容易为一些错误信息而担忧甚至惶恐不安。所以,美国
疾病控制与预防中心建议:

> 调查人员必须意识到媒体总是在试图将复杂的、技术化的
> 解释简单化,从而失去细微的差别或特性。因此,调查者们应该
> 提炼他们想要传达的信息并尽量用没有扭曲及表意不清的语言
> 表述清楚自己的想法。同时,调查者们也应该准备好要强调的
> 重点;为了更好地被理解可以提供一些背景知识,简洁地说明哪
> 些是事实,哪些是推测,哪些又是不知道的。最重要的是,调查
> 者必须有合作意识和责任意识,并且在歧义和不一致的信息进
> 入公共交流之前准备好可能需要的信息。[①]

这是一条好建议,即使你不在突发的公共卫生事件的中心。

我在写一本关于海滩侵蚀和沿海土地使用的书时懂得了新闻原
声摘要的力量。当人们问我的书是关于什么的时候,我会向他们讲
解无人机运输沙、海平面上升、施工执照、不断的洪水保险索赔等问
题。最后我在《纽约时报》的一位同事谢里尔·盖伊·施托尔贝格

---

① Centers for Disease Control and Prevention, "Guidelines for Investigating Clusters of
Health Events," *Morbidity and Mortality Weekly Report* 39 (July 27,1990): 5.

(Sheryl Gay Stolberg)指出说当我沉浸在自己研究的项目中无法自拔时,我让每一个靠近我的人都感受到了无聊。她说道:"你总是对别人说'因为贪婪和无知,美国人正在破坏他们最喜欢的自然景观——沙滩。'"

那是我的原声摘要,在此之后我一直使用它。我甚至是为了我的一些特定主题而准备了其他的原声摘要。它们准确(或者说是足够准确)、简练、可以理解并且引人入胜。你自己的工作也应该有同样的准备。提前准备好这些东西,一旦你有什么新颖的想法,思考一下你是否乐意让它出现在新闻的标题里。如果你乐意,你将会发布一些东西。

向共和党的民意调查人弗兰克·伦茨(Frank Luntz)学习。除此之外,伦茨是党派阻断政府对气候变化作出应对的一位工程师。即使你谴责他的行为,你也不得不承认他的方法行之有效。伦茨是原声摘要的创始人,他解释了原声摘要的含义,及其作为一个流派的重要性,以及如若新闻材料没有原声摘要的话会有什么后果。

据伦茨说,鲁道夫·朱利安尼(Rudolph Giuliani)在 2008 年纽约市市长的竞选中失败的主要原因在于他没有掌握原声摘要。鲁道夫从未提供"声音清晰、明快的新闻原声摘要"。[1] 并且,伦茨说:"前市长沉迷于那些冗长无味的回答。观众看不到任何亮点,甚至有时还会被新闻报道所迷惑。"

这听起来像你吗?

除非你是那种媒体天才,在现场随心就可以口若悬河,当记者们在电话里采访你时,有用的原声摘要不可能说来就来,所以你需要提

---

[1] "Why Giuliani's Campaign Was a Flop," The Week, February 15,2008,14.

前做好准备。

提前想想记者或是听众是否能明白你说的意思，比如说一些专业术语，像"基因型、等压线或是 u 介子"等。避免使用专业术语、缩写、简称或是其他一些不曾涉猎你所研究领域的普通大众无法理解的术语。存在疑问时，应该选择解释一下专业术语，或用其他简单易懂的语言进行解释说明。

我们在《纽约时报》已经思考这一问题很多遍了。我们问自己所涉及的专业术语是否可以用作"标题"，也就是说如果标题里出现专业术语读者是否能理解。比如说我们一直以 DNA 作为标题而从来不是 RNA 或其他什么，因为读者理解 DNA。

当你想在文化参照方面建立类比时，可以使用同样的思维过程，因为如果你假设一般受过教育的人能理解你在说什么的话，这一假设就不再合理了。当我在家观看一集《最佳巨蟒》(Monty Python's Personal Best)时确信了这一观念。在那一节目中 BBC 的喜剧剧团成员谈论他们最喜欢的滑稽小品。

约翰·克里斯(John Cleese)说他最喜欢的应该是一则关于画家们一边在英国机动车道行驶一边进行艺术创造大赛的新闻报道的滑稽小品。克里斯扮演评论员的职务，在一段特定的路线里负责展示巴勃罗·毕加索(Pablo Picasso)的作品。比赛中毕加索超过其他选手包括劳尔·杜飞(Raoul Dufy)和乔治·布拉克(Georges Braque)。最终，一个穿着黑色衣服、头上耷拉着一顶帽子的小人（亨利·德·土鲁斯·罗特列(Henri de Toulouse-Lautrec)）骑着三轮车从所有人面前穿过。

这个滑稽小品是 20 世纪 80 年代的。"然而现在我们却办不到。"克里斯悲伤地说——因为现在的大多数人们都不太了解艺术，你也可能会为这个事实而感到遗憾,我也一样,但是你必须正确理解这一问题,否则你可能会让你的观众难以理解。

此外,如果你使用文学或其他方面的典故,或是外国的单词或短语,你必须首先保证它们是正确的,并不仅仅是在语法上正确,同时也包括拼写、标点,甚至是其引申意义都是正确的。事实上,在刚开始最好避免这样的举动。[《周刊报道》(*The Week*)杂志称,一家英国家具连锁店在营销专为小女孩而设计的名为"洛丽塔(Lolita)"的公主床时遇到了麻烦。只希望市场上的商家没有读过纳博科夫(Nabokov)的小说。]

现在问问你自己在之前是否过于自信。

描述一项研究

大多数科学家在科学出版物上发表了有新闻价值的文章时就会和记者第一次打交道。当你接到记者的电话时,你应该知道记者的手头有一个你的文章、评论系的副本,然后想一想应该怎样用通俗易懂的语言重述你在报道中所涉及的内容。从最关键的地方开始:这项工作的意义以及这项工作将怎样推动你所探究的领域的发展等问题。

指出论文描述中这一研究最初的目的、研究设计、收集及分析数据的方法,研究的对象(人、动物或是其他东西等)。如果研究不涉及人类,就指明其对于人类发展的重要意义。同样,如果研究成果对公共政策、临床标准或是其他一些项目有所帮助的话,指明为什么会有帮助。如果有什么风险或是利益的权衡问题也要同样进行描述。

如果在你的研究中有一些新颖的设计或方法也可以进行阐释说明。有时候对一项研究而言最有趣的可能是它的完成方式,但大多数记者却认识不到这一点。

　　承认研究具有局限性，如果研究成果只是初步的或是不确定的话，直接向记者挑明。另一方面，如若结果难以置信的话也应该同样做。如果研究比以往的研究更具挑战性的话，说明其原因并提供一些证据。

　　如果你想更成功一点的话，告诉记者什么人可以评论你的工作，尤其是那些不涉及这一领域的局外人（最好是从记者的角度），或者是你尊重他们，他们却不同意你的结论的那些人；说明谁资助了这一项目的进行、他们在研究中的投入最终将会有怎样的收益及其对报道的影响和控制。

　　如果你已经向期刊提交了论文，而它至今尚未出版，知晓期刊的规定以便了解你要和公众（记者）去讨论这件事的最佳时间。有些期刊会让你在文章发表之前和记者谈论，但只有记者同意在出版日期截止之前不报道任何关于将要发布内容的消息时才能这样做。一些期刊会惩罚那些在作品出版印刷之前就让全世界都知道他们研究成果的科学家，他们可能会拒绝发表先前同意发表的论文，这个现实是可悲的，但是事实，所以保护好你自己的成果。

　　你可以在记者尊重期刊禁令的条件下和他们进行谈话。换句话说，告诉他们，你同意访谈，但是在期刊把时间定下来之前他们不能发表你的评论，一定要在这些问题出现之前确立基本规则，没有这个基础就不要和任何记者谈论，除非你信任她能信守诺言。

　　许多人在原则上反对禁令，他们说，禁令助长了记者们的从众心理，甚至导致出现大量的小道消息。另一些人则说，禁令阻碍了"企业"的报道，支持期刊的"现场新闻"。我不理解那些争论。记者应该能够知道何时报道期刊上的内容，不管他们是否受到禁令的影响。

不宜公开的报道

如果你和一个记者谈话，你需要假设你说的每件事都会被写下或者录下来，它可能出现在印刷品上、网上，或者广播中。也就是说，要假设你被"记录在案"。毕竟，记者和你谈话的信息，她是希望获得可以使用在她报道里的。你不应该在公共场合说任何可能让你不乐意去听到或者看到的话。

这个建议有实际原因，事实是，没有规则条例定义像"不宜公开的报道或者相关的状态，如"背景"、"深背景"、"不得归因"，或其他的术语。

举个例子，我相信记者获得的有些信息不是为了归因或做背景材料使用，这些信息不能确定其来源，或描述源是模糊的，正如说，"一位生物化学家熟悉新工作"或"机械工程师关注着争端"。一位获得"深背景"信息的记者可能用到她的故事里，但不会把它归于别人身上。

其他记者可能有不同的方法，如果你想要说不宜公开的秘密，在你说之前建立完整清楚的规矩，并且规矩要定得具体，如果你不想被署名，估算出记者可能使用多少细节来描述你。但是在之前，问问自己你是否可以信赖记者让你的身份保密。尽管所谓的"记者保护法"仍在继续，与记者对话，像是给予律师或牧师的对话保护一样，各地区的法律在保护和诉讼的程度上各不相同，也就是说，它们的意义已经在法律程序上建立了。在最高法院关于这个问题的布莱兹伯格案件中（Branzburg v. Hayes），最高法院在 1972 年裁定，记者享有出庭作证的赦免权。[1]

---

① *Branzburg v. Hayes*, 408 U.S. 665 (1972).

作为一名记者,我相信有许多原因去保护被迫作证的报道者,因此没必要到这一步。如果你尝试去说不宜公开的报道,如果问题存在争议或可能引起争议,问问你自己,是否有充分的理由相信这个记者宁愿去坐牢也要保护你。

使用匿名引证对于新闻组织来说无论如何都是一个问题。有举证人姓名和职位的信息比匿名来源的信息更可靠。同样地,匿名来源的信息可以容许一些无良的记者伪造新闻材料。这可能就是为什么近年来匿名来源的故事被出版得越来越少的原因之一,还有当信息来源为匿名时,证据常常显得苍白无力。

当然,在新闻业的历史记载上有许多重要的故事,这些故事重见天日仅仅是因为人们口口相传,并且记者们愿意私下去引证它们。也许"水门事件"是最有名的故事,"深喉"(Deep Throat)是最有名的资源,之所以这样叫是因为他在幕后发声。马克·费尔特(Mark Felt),一个退休的 FBI 工作人员,最终在 2005 年,也就是故事发生的30 年后,承认自己是"深喉"。卡尔·伯恩斯(Carl Bernstein),一名来自《华盛顿邮报》(Washington Post)的调查"水门事件"的记者,经常说当他和鲍勃·伍德沃(Bob Woodward)共同报道"水门事件"时,唯一持续不断地告诉他们事情真相的人是私下告诉他们的人。

同行评议

有一些科学家认为为了检查出一些不准确的内容,应该在记者的报道发表之前进行评审。他们说他们将此视为一个善意的同行评议,这也是在科学界中很平常的事情。但是此事在新闻界饱受争议。

尽管我会经常打电话给科研工作者,确认他们告诉我的事情我是否理解正确,但是我从来没有正式答应这类"同行评议"的要求,因为我不会让任何市长、警长或者一个公司领导以及其他任何人在未出版之前读到我的任何报道。同样，我坚信科学家和工程师同其他人一样有竞争、利己和拥有一些隐秘不明的动机。并且我不希望这些不必要的东西闯进我的写作过程中。

一些记者并不认同这个观点，因此，如果你认为很有必要就提出来。只是如果你被驳回请不要惊讶。接下来你需要考虑你是否会同意接受采访。

如果你确实对断章取义或者时间松弛感到焦虑，那就让记者通过邮件的形式来采访你，并且你也以邮件的形式回复。我把这个视为我采访别人的最后一种对策，因为除了在一些确实已成定局的采访中，对话的结果更加硕果累累，并且对话帮助我制造出更好、更有活力的采访录。但是邮件采访比什么都没有好得多。

纠正错误

根据忧思科学家联盟给科学家的媒体指南，许多科学家认为错误就是他们所有的工作被报道时都要付出的代价。[1] 我不确定我是否同意，对于记者而言应该把事情做对，科学家当然不应该假设他们的采访内容将不可避免地存在错误。

然而，每个人都会犯错误，记者们则是让世界不断地看到、听到这些错误。无论承认错误让我们多么无地自容，纠正它们对于我们来说很重要。听到一位科研人员说打电话给记者报告一个错误是没有必要的，因为记者不关心准确性，这真令人沮丧。我们十分热切地

---

[1] Richard Hayes and Daniel Grossman, *A Scientist's Guide to Talking with the Media: Practical Advice from the Union of Concerned Scientists* (New Brunswick, NJ: Rutgers University Press，2006),25.

关心准确性。即使是报道大新闻，如果它存在错误，它也不会给记者带来一点点好处。

另外，如今新闻故事在电子数据库中继续存在。所以错误也在其中。除非你在我们犯错误时告诉我们，我们可以在数据库中标记出来，否则任何在将来查阅该文章的储存版本的人都可能重复这个错误。如果报道有问题了，让记者知道，打电话告诉说："很感谢你感兴趣，但是这个报道有一个问题。"然后告诉记者怎样去更正它。

正如威斯康星大学（University of Wisconsin）新闻与大众传播学院的莎伦·邓伍迪所说，"技术准确性"和"沟通准确性"是两码事。她指的是比如漏掉了其中一位合著者的名字与错误解读一项科学发现就是两码事。换句话说，是错误导致人们错误地理解了文章吗？在这种情况下，它需要一个修正。如果是一个微不足道的漏洞也许就不需要修正了。

在《纽约时报》上，我们通过询问一个错误是否"上升到修正水平"来解决这个问题，而总的来说，我们都觉得如果发现错误了，就要修正它。

数年前，《纽约时报》制定了一个修正的方式，下面是这个方式的一个版本，你可以在你认为需要修正时使用。如果你抱怨的问题可以用这种格式表达，建议修正。

（1）从一个描述文章的短语开始，错误什么时候出现的或出现在哪里。

（2）描述一下这篇文章的内容，这样有些人读了你的更正，就知道这个主题是什么了。

（3）说出错误之处。

（4）更正错误。

举个例子，你可以写：周二《科学时报》(Science Times)上的一篇文章谈到了进化论的教学，这一观点错误地提到了联邦中各州的数量。共有 50 个，而不是 48 个。

在《纽约时报》上，像这样的修正经常被放大，解释错误是如何发生的（编辑错误、传输错误等），以及何时出现（在某些版本中，在早期版本中）。但是你不必担心这类事情。

我们也有一个编辑公式的笔记，这里有一个版本你可以使用：

（1）从文章有相同描述的部分开始，错误在何时何处出现。

（2）描述错误是什么。

（3）描述一下你正在烦恼抱怨的事。

（4）客观地说出你的观点，哪些应该是被包括、忽略或者改变的。

举个例子，你可以写：周二，《科学时报》的一篇文章报道了学校官员指责新泽西的一位高中老师玛丽·琼斯(New Jersey, that Mary Jones)在她的课堂上教神创论。琼斯女士没有做这样的事情，因此这项指控应该被驳回。

编辑可能改变你所说的内容。琼斯女士说她从未做过这样的事，又说新闻报纸政策允许受到批判的对象对自己进行辩护。他们也可能进一步说是编辑一时走神造成了这样的错误。然而，如果你可以根据我们的公式表达不满，你会有所收获。

根据公式的指南，想一想你可以如何改正？如若你做不到，想想你发现的错误是真的错误还是只是遗漏了一些不太重要的细节,或是仅仅是一处微乎其微到连修改都显得滑稽的错误。

同时,如果你发现了记者的错误,请立马指出来让她纠正而不是等她把错误消息发布在广播或是报纸中。几年之前的一场见面会上,我遇到了一位著名的海洋生态学家,我在自己通讯录中写错了他的名字,甚至不止一次地拼错他的名字。直到在为报刊撰稿时我才发现了这一错误。

记者的谢谢

当记者为一篇复杂的文章报道时可能会采访很多人。如果你是其中的一位,你可能会用将近一个小时的时间阐述自己的观点而后记者在一篇文章或一段广播中用一句话总结了你的采访。或许你根本就不会被记者提及,但请不要觉得和记者谈话就是在浪费时间。你所说的信息对于记者了解整件事情意义重大。而这一过程与最终报道的质量直接挂钩。你使得记者下一次作相关报道时有更清晰的认识,这是你的一大贡献。

肯尼斯·R·韦斯(Kenneth R Weiss)和乌莎·李·麦克法琳(Usha Lee McFarling)因为报道"蚀变海洋"(Altered Oceans)这一杰出的科学新闻而获得来自美国地球联盟(the American Geophysical Union)的沃尔特·苏丽文优秀科学新闻奖项(the Walter Sullivan Award for Excellence in Science Journalism)。作为《洛杉矶时报》(*the Los Angeles Times*)开展的一个项目,他们对海洋状况进行的此项详细调查已经获得了其他主要的新闻奖项,包括普利策奖项。他们努力回报那些在项目进行过程中给予他们各种帮助的人们。"我们非常感谢那些慷慨地给予我们时间和想法的科学家们,即使其中有些科学家的名字并没有出现在报道中。"他们写道,"那些默默无闻的科学家在很大程度上拓展了报道的深度和广度。"①

科学家的谢谢

　　最后我想说的是,如果采访你的记者干得不错,请给他打电话或发电子邮件告诉他这一事实。你可能不太理解这对于一位记者来说意味着什么,尤其是当他们利用一系列复杂的材料竭尽全力做一次完美的报道的时候。

---

① 引自 *Eos* 68, no.28 (July 10,2007): 289.

第7章 公共关系

　　根据俄亥俄州州立大学负责研究交流的副校长助理厄尔・M・霍兰德(Earle M. Holland)的说法,大多数科研人员都有一种"幼稚的信念",即科学发现不需要人为干预也能向公众传播。就像他说的,"他们设想了一个科研人员的'尤里卡时刻'(eureka moment),在那之后这种新的知识从实验室渗透到公众中去。尽管这个想法是'令人欣慰的'。"他写道,"我从没见过这种事发生在现实生活中。"[1]

　　霍兰德说,问题在于大多数科研人员不是媒体专业的学生。他们不知道如何去与新闻机构运作,他们没有实际的经验。霍兰德并不指望他们知道,他希望他们能向大多数大学或者是科研机构里的人求助,这仿佛在多险阻的水域进行导航。这些人可能在共同体办公室或政府事务处或其新闻办公室的组织里。他们所做的工作是公共关系。

　　一些公共关系专家可能接受过科学作家,甚至是科学家的培训。有些人可能是之前做过记者,没有特殊技术知识。但他们应该具备的是了解媒体知识工作的技能,以及如何最好地向记者提供公众可

① Earle M. Holland, "Working with Information Specialists," in Melissa K. Welch-Ross and Lauren G. Fasic, eds., *Handbook on Communicating and Disseminating Behavioral Science* (Thousand Oaks, CA: Sage Publications, 2007),203.

能想要或需要的信息。与各行各业一样（包括新闻和研究），科学公关的从业人员差异也很大。像霍兰德这样的人可以帮你很多。

再次，准备是关键。找出是谁在你的机构做这项工作。问问你的同事。不要等到记者打电话给你，才了解在你的机构里谁是和媒体打交道的人。并且当你向一个公共关系专家寻求指导的时候，注意他说的话。你没有必要接受他提出的每一点建议，但是要考虑所有的建议。

要留意你的机构可能有相关政策，关于员工什么时候甚至是否可以和媒体交谈。当然，作为一名记者，我认为每个人都应该被允许与记者自由交谈。除非是你经过你的新闻办公室或公关人员同意，你最好提前知道相关规定并做出相应的决定，否则会有麻烦。

一个好的公共信息官能在很多方面帮你。他会知道出版机构、广播公司、媒体机构或其他新闻机构对你所研究领域的什么课题感兴趣以及由谁来报道，他将掌握最新消息。丹尼斯·梅雷迪思（Dennis Meredith），一位专业人士，他在科学公共关系上花了几十年的时间，任职于康奈尔大学和杜克大学。他指出，公共关系领域的许多人都参加科学技术的会议，希望能结交记者并让记者写关于他们机构的文章。这从来不是梅雷迪思的计划。"我不去讲故事，"梅雷迪思告诉我，[①]"真正重要的是找出谁在写什么。"对于公共信息官，这种知识是无价的。

一个好的公共信息官有新闻感，他会知道，比如说，一个特定的实验室发现是否具有新闻价值以及适合什么样的受众。他会警告你不要一口吃成胖子，对你实验室的所有东西事无巨细地报道。

---

① 私人交流。

　　根据曾任职于美国国会、田纳西州的橡树岭国家实验室、马萨诸塞州剑桥的布罗德研究所、环境记者协会的创始人——瑞克·博切尔特（Rick Borchelt）所述，公共信息官的工作是搭建科学家和公众之间的桥梁。这个交互行为不仅仅是一系列事实的传递。"而应该是一个信任问题。"他说。[①]

　　博切尔特说，你可以假设"如果一个记者打电话给你，你就有了信用"。但他也警告说如果你太过自吹自擂，或者忽视竞争对手或批评家的工作，"就会失去信用"。一个有能力的公共信息官员明白，成功的研究者和公众的关系不是只存在于短暂的科学宣传期。关系需要时间来建立。

新闻发布

　　这个工作的一个基本工具是发布新闻，也就是一封告诉记者研究发现或其他新闻的邮件或电子邮件（甚至是一盘录像带、CD 或在 Facebook 或 YouTube 上发布的帖子）。关于新闻发布，首先要知道的是：它们应该仅限于真正的新闻。优秀的公共关系人可以告诉你什么是真正的新闻。除了在你的家乡，而且也许只是很小的地方，教师的任命（除非被任命的教师是名人）、晋升，例行奖励或职称授予、新设施投放（除非真的是非同寻常的），或者是一个有价值的发现但不能在你的领域内引起重大反响的，这都不是新闻。

　　一个好的公关人是不会用带有这样性质的公告来发布新闻，尽管新的媒体技术让事情变得简单而廉价，但是好的公关人想要引起

---

① American Academy of Arts and Sciences panel on science communication, Cambridge, MA, February 14,2008.

人们的注意。

　　梅雷迪斯过去常说,他不希望有一堆的邮件和一些公共关系人士所钟爱的华而不实的噱头,因为他想让记者知道,当他们听到他的消息时,那是因为他有一些有趣的事情要说。作为一名记者,我经常收到他的邮件,我可以证明他的工作策略。博切尔特和霍兰德以及其他跟着他们一起实践的人赢得了新闻记者的尊重并且依赖于他们。与他们共事的科研人员是幸运的。

　　"通过发布真正的新闻来建立你的信誉。"几年前,当我问他关于他的成功时,梅雷迪思告诉我,"我的哲学是,每一个新闻发布都必须达到媒体人认为可以发布于众的标准,即使媒体最终并没有报道。"[①]

　　新的研究发现和其他硬新闻稿应该是一板一眼的,他说:"报道要写得简洁有力,而非哗众取宠或重复导语(导语新闻术语是最重要的内容,通常出现在文章的开头或"顶部")。"与此同时,他说,"新闻稿必须满足每一位要阅读它的科学作者的要求。"梅瑞狄斯说:"它们必须足够广泛,这样《纽约时报》就可以提取出它所需要的东西,而《机械工程新闻》也能提取出它所需要的东西。""详细信息可能无法印刷或播放,但它增加了新闻发布的可信度。""这让他们相信你对故事有把握。"

　　当然,他说:"你也应该把在其他机构做类似研究的人包括在内。很多人不会这样做,因为他们觉得这是在为竞争方做广告,但从实际意义上说,这是有帮助的。"他是正确的。这就意味着,正如他所说的,"我们必须不能被其他机构落下。"如果一个公共关系的人在写一份关于你工作的新闻稿,你就可以适当帮帮忙。"

---

① 私人交流。

　　梅雷迪思指出，马上宣布研究结果虽然很诱人，但是等它们发表在学术文献上再宣布可能是更明智的。"你不会想在最终审查通过以前把它交给媒体手里"，他说。（通常，人们批评科学作家一直等到研究成果刊登在学术杂志之后才发表相关文章，但我认为这种谨慎是至关重要的。）

　　说到发布本身，我以前《纽约时报》的同事沃伦·里瑞说，他很感激科学家和公共关系人员愿意采取双管齐下的方法，即双方同时对被宣布或报道的内容做一份速读式摘要，并附上更详尽的相关信息，包括其他信息源、照片或其他艺术呈现形式，等等。

　　我同意。一个简短的摘要可以让记者快速了解他是否需要花时间去看一看消息的内容。

　　新闻稿所提供的联系信息不仅应该包括公共关系人员，也应该包括能够解释相关工作的科研人员。如果你知道你已经被排在即将发布的新闻稿名单中，请确保你可以通过电话或电子邮件被联系到。

　　新闻稿应该明确告诉记者，信息是否被"禁运"——也就是说，它是否必须不能在一个特定的日期和时间之前公开。禁运的期刊可能就他们出版的研究发布新闻稿，并要求收到新闻稿的记者在期刊出版之前不得报告研究结果。如果你没有在新闻稿中包含禁运条款，记者们将假定他们在收到信息后可以随时使用信息。

　　如果可能的话，尽可能提供地图、图表、照片、图画，还有其他用得上的艺术形式。至少，提供一个可以找到这种资源的链接。如果比较重要，就再提供一份情况说明书。哈佛大学的气候专家、奥巴马总统的科学顾问约翰·霍尔德伦（John Holdren），过去常常用情况说明书补充其在气候变化问题上的研究，比如气温数据，等等。这种信息对记者们是非常有帮助的。

　　如果你发布涉及研究的参考信息,应该包括副本或副本的链接,你不需要提供详细的参与其中的科研人员的传记,但如果你能指出谁做了这项工作,以及(特别是)如何联系到他们,这对记者来说是有帮助的。

　　确保你有机会在向大众发布之前,审查一下你的工作。科学家们受到公共关系办公室的压力而夸大他们的研究发现是很常见的。大学瞄准了《美国新闻和世界报道》排行榜和慷慨的资助人,都渴望提高自身的影响力。如果你的工作是由私人公司资助的,那公司可能会寻求商业上的进步来夸大你的研究成果。一些期刊,由于其商业运作模式,急于把自己打造成出版高影响力的研究发现,并且大肆宣传你的论文,在学术刊物正式出版前就发出新闻稿。

　　不要迫于压力而夸大研究的学术价值。无论多不情愿都要在最开始就直面压力,不要等到问题发生了再等公关关系官救场。重申一次,提前思考你的工作,以及如何准确地描述你的工作,将会对你有所帮助。为了缓和压力,你可以这样说:"我们的数据无法支持您打算发布在新闻稿的内容,但我们能说的是……"

　　即使你的公共信息官很有能力,也很有头脑,新闻稿"有时对于双方都是一个雷区,"霍兰德说,因为科学家和公共信息官可能对新闻稿的长度、细节的重要度,以及精确性都有不同的看法。[1] 有时候在新闻发布会上达成一致意见可能是一次复杂的谈判。

　　当你发现自己处于这种情况时,请记住尽管你希望发布的版本是准确的(公共信息官也同样希望),公共信息官还同时希望它能引起公众的注意。他不希望它充满了琐碎的细节、注意事项和与之相关的无关紧要的信息,以至于没有人会注意到它。双方都必须达成

---

[1] Holland, "Working with Information Specialists," 206.

一个"足够"精确的新闻稿。

这个过程需要时间。如果你有一篇论文你认为会引起公众的注意，或者应该被公众注意，给你的公共信息官同事尽可能多的信息。如果你发现自己置身于一个爆炸性的新闻故事，你必须准备好，放下你正在做的事情，一旦时机成熟就发表出去。不要忽视这项工作。即使在发布之前多付出一小部分的努力也可以避免大麻烦。

新闻发布会

在没有公共信息官或其他人帮助你和媒体沟通的情况下举行记者招待会，你应该三思而后行。

公共信息官可以提前告诉你的信息包括：谁出席记者会，谁能提供补充信息和精神支持，谁来发言，发言多久。他还可以建议你邀请哪些记者。但要知道，如果你邀请记者 X，他的新闻机构可能会把记者 Y 派过来。也要意识到，其他未被邀请的人可能会听说你的记者招待会并前来出席。

公共信息官也会帮助准备电子设备，比如电源插座、手机数据线等。要知道现在每一个记者都有一台电脑，许多为出版业工作的人都会在他们的报道中提供视频或音频。

在新闻发布会开始的时候，应该先感谢记者的出席，然后开始一个事先准备好的声明或陈述，要保持简明扼要，要一板一眼。开幕发言如果超过五分钟就太长了，特别是如果好几个人都要分别做开场陈述。

在陈述完之后，一次一个地回答问题。不要让任何一个记者或新闻机构占主导地位。你的公关人员可以充当主持人。

如果有人问你的问题要求大量技术材料的话，说你会后再与他详谈或者会跟进其他材料。要为这样的问题做好准备，当时就告之事后发送情况说明书或研究报告。如果有记者用你不知道的数据质疑你的信息，除非你确信他是对的，否则不要接受他的断言。最后告诉他你会回复他。

要记得有时间限制（但要灵活）和结束进程的话语（公共信息官可以说"我们还有时间再问最后一个问题"）。

当有坏消息的时候

幸运的话，你永远不会发现自己处在一个"坏消息"中间，但它可能发生在最勤劳、最高尚的人身上。不当行为和欺诈是明显的问题，但正如霍兰德所指出的，涉及人类受试者、动物实验、辐射安全问题、生物危害、计算机安全问题、隐私问题、感染控制和许多其他问题都是固有的"麻烦的领域"。[1]

如果你发现自己陷入了从业者所谓的"沟通危机"，一个好的公共信息官会非常有帮助。正如他将告诉你的，处理危机的两条主要规则是：说实话，并迅速讲实话。

通常，科研机构不愿遵守这些规则，因为他们想掩盖事实，以免在公众面前产生负面反应。但是，正如多年来在危机中所表现出来的那样，公众更善于处理公开承认的问题。在 YouTube 盛行的时代，再也不可能坐在那里，等着丑陋的东西消失。正如霍兰德所写的："如果有什么东西在等待被发现，那么组织和个人在等待的时候就没有时间了。"[2]人们将会听到这个情况。让他们听到你的意见。

[1] Holland, "Working with Information Specialists," 213.
[2] Holland, "Working with Information Specialists, 214.

第8章 在广播和电视上讲故事

作家古尔·比达尔(Gore Vidal)已经接受了这个简单的生活规则:"永远不要错失在电视上抛头露面的机会。"不管怎么说,你可能不会对电视这块想得过多。因此,你可能认为科研人员不需要善于在电视上或广播上讲故事。你可能陷入差劲研究者的陷阱,认为在广播中说话顺畅且迷人的研究者肤浅,更糟糕的是,为了迅速成名背叛了他们的研究。

但是今天在公共广播和公共电视上会播报一些优秀的科学报道,并且在商业广播中也有优秀的报道。尽管独立广播和有线电视受众人数有所减少,但总体受众仍然庞大,至少有几百万。

正如广播没有封锁报纸,电影没有封锁广播,电视也没有封锁电影,互联网的出现并没有杀死主流媒体。它将把这些媒体的技术传播到新的和更加多样化的方向。

并且——这是最令人信服的论点——因为报纸网站宣称越来越多的报纸读者以及广播机构的网站在他们的运作中越来越重要,各种各样的记者越来越多地使用电视和广播的工具来讲述网络上的故事。因此,忽视广播技巧是对你不利的。你必须懂得如何有效地使用电子媒体。

关于广播媒体,首先要了解的就是时间框架。杰夫·伯恩赛德(Jeff Burnside)是一名在迈阿密的美国国家广播公司(NBC)的记者,获得过艾美奖。他经常与科研人员谈论媒体,讲述他曾经邀请一个海洋生物学家做电视片。科学家说,没问题,只要你给我 20 分钟的时间来解释它。这并不是一个无理的要求——除非你知道,算上广告和宣传片,一档半个小时的新闻只有十八分钟左右的时长。科学家实际上要求新闻时长占整个广播时间的 110%。

一个典型的商业电视广告的平均时间持续 20 秒或更短一点,有时会非常短。在这个环境中,一个两分钟的故事片是电视时间的巨大投资——你能在合理范围内对新闻广播提的最大要求。所有这些用一句话说就是弄清楚你最重要的观点是什么,以及如何简洁地表达它们,这一点在电视上是至关重要的。

正如作家迈克尔·埃里克·戴森(Michael Eric Dyson)在接受《高等教育编年史》(*Chronicle of Higher Education*)的采访时所说的:“你不会给一群法国理论家讲授关于福柯(Foucault)的演讲,你有五分钟的时间来完成它或放弃它。”[①]美联社(The Associated Press)说广播“现状”——时间应该足够长,让观众能够建立自己的思想,但不能太长,以至于失去了关注点。那是多长呢? 美联社说,10—30秒。弗兰克·考夫曼是我的前同事,现在就职于爱德曼国际公共关系公司,根据他的说法,在 1968 年的总统竞选中,候选人的原声摘要长度平均为 42 秒——“在今天的电视上是不可想象的”,他说。今天,原声摘要长度平均是 10 秒左右,而且在那个时候故事都是会被完整叙述的。[②]

---

① Jennifer Jacobson, "Loving the Limelight," *Chronicle of Higher Education*, April 21,2006,13.
② Frank Kauffman, remarks at the Aldo Leopold Leadership Program, West Cornwall, CT, June 2008.

10 秒并不像听起来那么短。如果你不相信我，那就拿一个秒表，看看你准备好之后能说多少话。但时间的确不多，不要浪费它。准备也很重要，因为如此多的电视甚至广播新闻是很忙碌的。在阿尔多利奥波德的领导力培训会议上，伯恩赛德（Burnside）给他的广播日提供了一个典型的时间表。

早上，他和他的新闻主管决定他将采访一个科学家，这位科学家刚刚报道了一种观察和测量水流的新方法。伯恩赛德与他的摄影师一起驾驶着一辆有卫星通信和其他采访设备的卡车，去这位科学家的研究所采访他。伯恩赛德中午到达之后就开始了他的采访，没有时间去做其他事情。

既然正在拍摄研究者，他索性在卡车上剪辑了拍摄视频，运气好的话，他可以在 4 点 45 分之前把这个故事完成，29 分钟之后进行广播。然后根据需要修改之后，在下一个小时的广播中会再次播放。

与此同时，新闻编导和编辑已经决定了整个广播将包含什么内容。通常情况下，广播是自上而下构建的，也就是说，广播的其余部分将是什么样子取决于广播的大方向。

老电视新闻"没有图片就没有故事"的格言并非总是对的，但可以肯定的是，电视记者会珍惜美好的镜头，并且根据他们在拍摄过程所得来编写故事。他们寻求文字和图片之间的协同作用。伯恩赛德说："只有你自己编写视频时，你才能得到它。如果你是一个好的电视记者，就去编写你的视频。"

正因如此，你应该思考一下视频的类型——动画还是传统视频。这也是为什么电视记者（和其他记者）将要在实验室或在某个场所拍摄你。你所在机构的公共信息官可以帮助你减少干扰，并且会让你知道，你的机构不允许拍摄的地点和场景有哪些。（除了极个别的情况,例如,《纽约时报》不允许在编辑部拍摄。)

广播和电视都是被动的媒体,也许收音机比电视更能发挥想象力,但许多人在听新闻或观看新闻时也会从事其他一些活动。虽然他们可以去网上下载和评论许多电台甚至电视台报道,但是一般人通常会在看到或听到信息的第一时间决定要不要继续收看(收听),还是换台。为了消息快速地到达他们的耳中,并且不被换掉,你需要一个策略。

公共广播节目《生活在地球》的制作人斯蒂芬·柯尔伍德(Steve Curwood)说他的采访策略是优先考虑听众。[①] 他说他的理想听众,就是充满好奇心的、渴望探索科学的高中生。其他制作人在电视中说他们想象的全体听众大概有十年级学生那样的智力水平。

要使这个听众或听众理解,你必须记住你已经学到的教训:原声摘要是你的朋友。弄清楚你的一两个要点,并确保清楚地表达出来。记住,一般人每分钟能说 100 个字。使用短句子,避免技术术语,除非你必须使用。在这种情况下,尽可能简单地定义它们。如果你谈论数字,使用简单、易懂的数字。另外,百分比是容易理解的,但要避免相对与绝对风险的问题(记住,从一千万分之一加倍到一千万分之二的风险和从十分之三加倍到十分之六的风险是不一样的)。

如果问题来得又快又急,一次回答一个。如果一个好的回答不会马上浮现在脑海中,通过将问题转述为你更愿意回答的形式来争取时间。不要试图回避问题,那太明显了。

消除误解要迅速,然后提供正确的信息。

---

① 私人交流。

你的声音

你说得清楚吗？录音，听录音。你的发音是模糊不清的吗？或者喃喃自语？努力改掉这些习惯。另外，请一个好朋友给你真诚的反馈。听你的声音，它是极具吸引力的吗？用录音机多多练习。

在采访之前，用说话，甚至唱歌来提高你的嗓音。用交谈的语气说话，如果你在讲笑话，你的语气和时间会有所不同。但是要注意深思熟虑，或者在关键时刻放慢声音。不要让你的句子偏离轨道，不要没完没了地唠唠叨叨。

如果你正在接受电话采访，站起来四处走走。你听起来会显得更活泼。即使没有人能看到你，也要保持微笑。信不信由你，这会很不一样。

采访者或制片人无疑会提出这一点，但我也还是要强调：避免使用无线或移动电话。它们的信号不是很好，看看你们的机构是否有电视或广播节目的演播室，如果必要的话安排使用。或者你可能会被要求去你所在城市的一家电台接受采访，如果你能去，就答应这个要求。

不要让你自己分心。如果你是在自己的办公室采访，关上办公室的门。不管你周围发生了什么，或者你想查看电子邮件，专注于采访。采访前要用一下洗手间，采访的时候手上拿一杯水。

最重要的是，不要让怯场妨碍你上台。征服（或者至少是减少）怯场不仅需要使你的研究主题烂熟于心，也需要管理你的声音，你就要时刻准备着高效产出状态。事实上紧张是有益的，因为它可以用额外的能量使你的状态更好，并且它会随着实践减少。如果你有一次在电视上表现很好，下次你就不会那么紧张了。记住，不是每个人都有感召力，但每个人都能学会有效地表达信息。

你对拍摄的态度

要知道,即使你集中注意力去看,也不能分辨一个相机是否正在拍摄中,它距焦在哪,它是否直接指向你,取景框只包括你的脸还是整个身体。所以从灯亮的那一刻起,就保持一种"采访态度",直到灯灭为止。如果摄像机靠近,就假设它在拍摄。

不要无精打采的,如果你坐着,就坐端正,在椅子上微微前倾。比起向后靠,前倾会使你显得更高更瘦。不要坐立不安、摇摇晃晃,或者摆腿、打哈欠、叹气、闭眼,或者眼睛乱看。手势要自然些,假装你在和办公桌或餐桌对面的人交谈一样。但是如果你手势动作幅度太大,可能会伸到画面以外。

看着主持人或采访者,哪怕他正在看镜头。你自己不要看镜头。和采访者以名字相称。

如果你是电视节目中的几个嘉宾之一,尽量不要坐在采访者和另一个嘉宾之间或两个嘉宾中间。如果有很多人在接受采访,你觉得你还有什么要补充的,那就利用自然的停顿来说:"我也要对此发表评论",或者"我想在这里补充一下。"

如果有短暂的沉默,别担心,采访者的职责是让事情顺利进行。不要觉得自己有义务来填满任何空隙,否则你可能说出你以后会后悔的话。

无论事情多么针对你,都不要发脾气,不要感情用事。如果你卷入了一件糟糕的事——比如渎职之类的——那么就训练自己去回答不受欢迎的问题。一名优秀的公关可以帮助你。一种可能的回答可以以这句话开始:"让我们客观地看这问题。"

不要对记者失去耐心,即使你认为他们是出奇的无知。预测一些简单(愚蠢)的问题,想好如何利用这些问题来传达有用的信息。

如果你坐着接受采访,那么采访结束前就一直坐好。当采访者说感谢你参与这个录制的时候,用简单的"谢谢"来回复就好。

你的穿着

你不需要有一个上电视的专门衣柜,但衣服的种类方面要比别人做得更好一些。你应该避免忙碌穿衣模式,避免穿深黑或纯白(黑色会吸收过多的光线;白色反射过多的光)。不要穿条纹衣服,他们在电视上显得似乎在闪闪发光。不要戴俗气的闪光首饰,甚至徽章也不要;口袋里不要塞大的东西。

除非你在田野里拍摄,否则黑色西装、蓝色衬衫是对于男士最好的穿着。及膝袜总是最好的,以免坐着的时候裸露腿部。为了确保你的外套不会向上拱,坐的时候压住外套的底边。

穿裙装对女士来说是最合适的,而且任何的 V 字领都有助于别上麦克风。如果有必要,把 V 字领的底部缝起来或者穿背心。确保你的指甲整洁,梳好头发,为了这个场合把头发吹干。至于化妆,如果是电视台提供的,你应该会明智地选择接受。

如果你戴眼镜,就好好戴着吧。摆弄眼镜、扶眼镜,哪怕是摘戴它们都是会分散观众注意力。尽量不要咳嗽、打喷嚏。

避免穿任何疑似传递信息或古怪的衣服。海洋科学交流组织的南希·巴伦(Nancy Baron)经常在她的研讨会上向科学家们作报告,研究者认为她接受采访时穿了一件印有"什么都行不通了,就只能篡改数据了"的 T 恤是错误的。"这是一个极端的例子,但即使是印有你最喜爱的球队名字的运动衫(都不要在采访的时候穿),因为它在采访中会分散观众注意力。如果你穿的是 T 恤衫,要确保它是一件没有任何信息的 T 恤衫。

如果你戴着耳机,在采访开始之前请确认它正常工作(如果在采访中突然死机,打手势通知采访者)。

讲一个故事

最后要说的是,在电视和广播上讲科学故事就是讲故事。《新星》(*Nova*)公共电视系列的执行制片人宝拉·阿普赛尔(Paula Apsell),来我在哈佛的研讨会发言时提到了这一点,我当时就被这个(很显然的)观点震惊到了。她说,当她在为她的项目考虑话题的时候,"故事,不是事实的堆砌"。她说,一个理想的话题,需要将"一个好故事、鲜明的特点、强烈的视觉效果和新颖的观点"组合起来,需要"一些冲突、神秘、有待克服的困难",需要在屏幕上大方而美观,它必须具备"可视的视觉维度,而不只是纸质物所提供的想象"。

她的话我以前经常在《纽约时报》科学版和另一个研讨会嘉宾加里斯·库克(Gareth Cook)口中听到,他是曾经获得过普利策奖的《波士顿环球报》科学记者。库克说,他和他的同事在《波士顿环球报》努力避免写出"学期论文"。在《纽约时报》,我们则努力避免写出"百科全书条目"。我们都在寻找故事。

阿普赛尔告诉我们,《新星》纪录片,就像电视剧或电影一样,通常有三幕——阿普赛尔所称的开场、冲突和解决方案。她说,用这种框架处理话题,就可以"从一系列事实中创造出一个故事"。

第 9 章　在线讲述科学故事

我第一次听到一位严谨的研究员认真地建议科学家应该把一些研究内容上传到 YouTube 上时,我以为她是在开玩笑。(我对这个提议并不重视,甚至不记得是谁提出了这个建议。)

在 2008 夏天,欧洲核子研究中心(the European Center for Nuclear Research, CERN),打开了一个粒子加速器,叫作大型强子对撞机(Large Hadron Collider),这是迄今为止有助于揭开物质和能量的秘密的最大装置。数小时的电视报道和大量的新闻都在努力告诉人们这台数十亿美元的设备是用来做什么的,以及这项工作对于增强我们对宇宙的认识有多大意义。

但是也许让这项事业最易懂、最有趣的解释并不是来自一名科学记者,而是一名 23 岁来自欧洲核子研究中心的科学作家凯特·麦卡尔平(Kate McAlpine),她以 AlipineKat 的名字做了大型强子对撞机的说唱歌曲,并且上传到了 YouTube,用押韵的形式讲述了一个虚拟的亚原子粒子——希格斯玻色子,并且解释了为什么所有人都想找到它。(在理论上,它赋予物质以质量。)①

麦卡尔平与欧洲核子研究中心工作人员在镜头前唱歌跳舞,表

---

① "Large Hadron Rap," posted by Alpinekat, has had millions of hits on YouTube.

演了一首说明机器工作原理的说唱歌曲。我所知道的是看到这个歌曲的物理学家对它的评价是"还算精确"。[1] 一位欧洲核子研究中心发言人将这个说唱歌曲形容为科学"热点",这肯定比官方正式的解释有趣。

在麦卡尔平为《对称》(*Symmetry*)期刊所写的评论中,她称说唱是一个很好的沟通方式。节奏感有助于在脑海中嵌入单词,希望科学性的说唱能帮助巩固学生和其他感兴趣的人记住概念。[2]

麦卡尔平的说唱为大型强子对撞机的科学家怎样使用互联网作为启蒙大众的工具提供了一个生动的例子。

正如电视最开始是广播加图片,互联网最开始是文字加润色。然而,今天在网上讲故事不仅仅是用文字,除了文字,还有超文本、链接、照片等形式来展现。网络语言虽然包括印刷语言和广播语言,但其本身的语言形式却大不相同。如果你想成功地在网上获取信息,就需要学习如何通过这种方式进行交流,无论是作为其他网站的信息来源,还是为你自己的网站或博客积累素材。

每次要求学生阅读《纽约时报》时,我都能看到这种新的语言。学生中的大多数人说他们已经是每天在线阅读的人了。但是,我要求他们读一份纸质报纸,要注意标题、内容、图表、说明文字,等等。在这个实验之后,他们大多数人都这样说:在纸上读到的故事更多,但深度不够。换一种说法就是,他们在网上读的东西更少,但他们从那里获得更深入的阅读的链接。同样的,他们对纸制品(包括广告)中的各种主题感到惊讶,但是从未在网上注意到。

---

[1] "This Ain't No Jive, Particle Physics Rap Is a Hit," Associated Press，September 1,2008.
[2] Kate McAlpine, "Commentary：Rapping Physics," Symmetry 5，no.5 (November 2008).

　　我不知道这对于新闻业的未来意味着什么。事实上,我很担心。我喜欢那种意外的惊喜,就是打开报纸,然后发现自己阅读的是在网上永远看不到的那种意外之喜。我担心那些迎合读者口味的网站会阻止这种意外惊喜的发生,而这正是报纸阅读的一个重要标志。

　　同时,网络新闻的发展水平不同,有时会存在天壤之别,从一些新闻学者称之为"确证式新闻"(the disciplire of verification)的主流媒体重要标志到"断言式新闻"(journalism of assertion)。后者往往是匿名的、错误的、诽谤的、庸俗的,或因为盲下结论而几乎不可能被体面的新闻媒体采纳。

　　但是先不提这些担心。虽然存在顽固守旧的人,但是新闻和信息在互联网上的传播是不可避免的。考虑如何有效地利用网络不仅能与同行研究员沟通,更能与更广阔的世界交流。大型强子对撞机的说唱歌曲表明网络为你的想象力提供了广阔的空间,也为我们中那些更为传统的人提供了极好的机会。

　　作为一个在报纸专栏文章上已经花了太多精力的作家和编辑,我很高兴网络能容纳更多的版本。此外,我的文字还可以附有照片、幻灯片、访谈记录、基于 Flash 的图形、引子和博客,读者可以在其中发表自己的观点,回答投票问题,并与我一起参加在线论坛。

　　尽管媒体的能力在理论上是无限的,但是听众的能力并不是。因此,网上发布的故事必须与报纸上的新闻有相同的空间纪律。

　　另外,尽管《纽约时报》在线发布的文章或多或少都源于纸质版的《纽约时报》,但很多人认为网上编写的文章需要不同的写作技巧。理论上,纸质报纸的四分之三的读者从第一页开始阅读,在文章内页跳转处结束。从目前的情况看在线阅读,一篇文章出现的副标题,还有特别是广告(广告商喜欢在文章中把他们的消息插在其中),可能会使许多在线读者没有兴趣继续阅读。

另外，许多记者所钟爱的长而离题的轶闻式导言并不受网友青睐。这种东西最好用短的章节来写，每章节有独立的标题。

例如，当肯·维斯（Ken Weiss）与乌莎·麦克法琳（Usha McFarling）开始就海洋主题为《洛杉矶时报》制作后来获得奖项的五集系列片时，他从一开始就知道它会在报纸和网络上同时出现。他说，他了解到读者对网上任何一个节目的平均关注时间约为 2 分钟。他说："所以我们把它切成了两分钟。"①

《纽约时报》网站编辑给出了类似的意见。例如，他们说除非你有真正令人信服的图像，否则 8—12 秒可能是一个幻灯片放映的最长时间。如果你有补充的图像或其他音频，你可以将时间增加为 10—15 秒。而在我们的在线幻灯片放映中，每个图像在屏幕上显示的时间是 8—10 秒，时长主要取决于观众理解图像的时间。

我已经听到了科研人员抗议说，试图与那些对单一事件注意力时长只有 1—2 分钟的人进行认真的交流是毫无意义的。但是，如果你真有兴趣接触受众，就必须考虑受众的能力。

其他在线指导来自人眼跟踪系统（EyeTrack project），研究人员在包括新闻教育与组织机构波因特研究所（Poynter Institute）在内的多家机构开展了一系列研究。科研人员使用特殊的眼镜和其他设备跟踪人们浏览在线新闻站点时的注意力。到目前为止，他们发现一页只有一列而不是更多列时，人们读得更多。就像在纸上一样，较短的段落效果更好，45—50 个单词就是最大数量了。遇到长篇大论，读者会选择浏览或直接放弃，他们更习惯于阅读短小精悍的文章。而

① 私人交流。

且,毫不奇怪,如果能伴随着图形图表、绘图等,读者似乎能更好地吸收新的信息。图像越大,读者会花越多的时间去看它。[①]

这些阅读模式可能是读纸质报纸时留下的习惯,现在讲可能太早了。事实上,可能要过一段时间才能知道适合在线讲故事的最佳模式。

网站

如果你没有自己的网站来发布你的研究,也许你的机构可以帮助你在机构网站上建立一个你的网站,那么你的问题就可以解决了。如果你想自己动手,但是没有时间和技能去建立一个网站,可以雇佣公司和顾问为你设计一个网站,收费大概从几百美元起价。用你提供的资料对网站进行维护和更新要另外收费。谷歌"网络托管"提供有关这些服务的公司信息。你还可以使用下载的设计软件创建自己的网站。[②]

圣地亚哥加利福尼亚大学斯克里普斯海洋学研究所(the Scripps Institution of Oceanography at the University of California, San Diego)的海洋生物学家杰瑞米·B·C杰克逊(Jeremy B. C. Jackson)领导了一项叫做"移动基线"(Shifting Baselines)的在线研究,以引起人们对自然世界在缓慢而稳定地缩小的关注。另一组科研人员,包括气候专家和白宫科学顾问约翰·霍尔德伦(John Holdren)和简·卢布琴科(Jane Lubchenco),海洋生态学家兼美国海洋和大气管理局(the National Oceanic and Atmospheric Administration)负责人,推

---

① Steve Outing and Laura Ruel, "The Best of Eyetrack III," *www. poynterextra. org/ eyetrack2004.*

② 你可以登陆这个网址:www.networksolutions.com.

出了一个叫气候中心(Climate Central)的网站,旨在为公共官员、宗教领袖和其他人提供准确信息的新闻媒体气候信息源。[①]

请记住,如果你有一个学术工作的网站,无论你愿意与否,你都会在那里与公众互动。如果你的网站出现在搜索引擎,公众会看到它。当你考虑在网站上发布什么内容的时候,不只是研究者会读,一些想获得信息和指导的门外汉也会读。在不牺牲知识分子严谨性的情况下,你也能做到表意清晰并且引人入胜。

你可能会想在你的网站上发布视频。在你做之前要仔细看一看。视频不需要像好莱坞大片一样流畅,但不应该模糊、曝光不足或者过度曝光。拍照的话切忌杂乱无章的背景,也要杜绝简单草率。你也不想让小的技术问题影响你发布的信息。

但在此之前,你应该考虑你为什么要开始这项冒险。你是否正在建立一个网站来为研究员提供信息,为了帮助业余爱好者而非专家了解你的领域,帮助学生完成他们的项目,或者为了宣传自己的想法,你如何回答这些问题将会帮助你建设你的网站。

考虑你的受众。他们在教育、经验或知识方面是否有很大的不同?你是否需要针对不同的知识水平来定位网站的不同部分?

从一开始就认真考虑网站的基调应该是什么,以及如何通过排版、色彩和其他元素来建立这种基调。用共享的通用布局和版式设计来辅助页面。如果这种设计并不是你的强项,那就去寻求帮助。如果帮助来自同事,而不是一个专业的网页设计师,那么可以肯定的是,这位同事有一个你很欣赏并且觉得有用的网站。

一定的排版和写作手法可以增加在线可读性。其中:

[①] 参见 www.shiftingbaselines.org and www.climatecentral.org.

带项目符号的要点和例子；

偶尔使用粗体字；

副标题；

每段只写一个观点；

少用空话。

越来越多的人一致认为，在线阅读的人并不是逐字逐句地阅读。也就是说，他们不是为了享受阅读而读书。相反，他们正在寻找与他们所研究的任何东西相关的关键词。为了达到这一目的，就要做到开章明义。

你的网站必须易于导航，尤其是很大或者复杂的网站。如果人们不能很容易地找到他们想要的东西，就会转向另一个网站。研究表明，人们更喜欢顶部有导航页面。更不用说，你的网站必须是可搜索的。

想好你网站的标题，在互联网搜索引擎里，标题可以成就你的网站也可以毁灭你的网站。

在侧边栏提供一些有用的链接、视频和音频的演示，甚至其他的网站。但是，要知道决定链接对象要比想象的复杂得多。在《纽约时报》的科学专栏，当我们的网站相对较新较小的时候，我们讨论了好多次，关于是否在我们报纸的主页网站上有我们认可的其他网站的链接。我害怕这样做读者会离开跳到其他网站。作为一个团队，我们从未达成一致。当我问我的同事们应该链接到哪些网站时，他们的意见包括从"所有"到"没有"。

今天，我认为人们习惯于从一个网站到另一个网站，并且明白一个网站的标准不一定是另一个网站的标准。此外,网站访问者可能想知道在其他网站上所说的内容,即使他们相信你的页面而不相信其他页面。

请确保你的网站告诉人们如何联系你——也许你要特意为此设置一个电子邮件地址。邮寄地址(snail-mail)也可以,如果你有勇气,也可以留下电话号码。

写博客

在杜克大学研究所尼古拉斯环境政策研究所(the Nicholas Institute for Environmental Policy Solutions at Duke University)供职的研究员,希瑞尔·柯珊宝(Sheril Kirshenbaum)说她意外地成了博主。她告诉敦促她写博客的学生,当民主党(Democrats)重获美国众议院和参议院的控制权的时候,她就开始写。2006 年,民主党上台了。

柯珊宝起初在其他人的博客上发帖子。她说:"(频率大概是)一个月一到两次。"[1]后来她的朋友,转行做纪录片制作人的生物学家兰迪·奥尔森(Randy Olson)把她介绍给"科学博客"(Science Blog)的博主克里斯·穆尼(Chris Mooney)。穆尼让柯珊宝接管博客一个星期。柯珊宝回忆说,因为穆尼要"在六年的博客写作之后"开始他的第一个假期。

柯珊宝说:"这周又引出了另一个决定,穆尼说'嗨,留下来,和我在这里做博主'。"现在她在为"科学博客"和"有线科学"(Wired

---

[1] Sheril Kirshenbaum, remarks at the AAAS Forum on Science and Technology Policy, Washington, DC, May 2008.

Science/PBS blog Correlations)撰稿。

根据点击她的帖子的人数来看,她承认:"影响非常大。"她说,作为一个博客作者,她可以"与人们交流他们在科学方面的问题,这是一种新的迅速交流的方式"。

博客的拥护者们说博客圈是思想的终极市场,好的思维会把坏的东西赶走。正如柯珊宝所说:"如果有人开始写一些东西,别人并不买账,那么他们会抨击它。"

以柯珊宝为代表的人们认为科学家写博客变为一种"规范"还为时尚早。如果每个人都在写博客,那么应该用多少时间阅读博客或者其他的东西,这还有待观察。"科学博客"在科学博客世界掀起来一股浪潮,提供了有用的或有趣的网站链接。其他网站则根据话题整合新闻和其他资讯。

柯珊宝指出,对科学家来说:"通过每天参与、讨论和书写大事小情,我们向公众展示了我们可以驾驭更大问题的能力。"

斯科特·甘特(Scott Gant)的书《现在人人都是记者》讨论了一个引人入胜的话题:博客的出现如何改变了新闻行业? 2005年,美国有 900 万的博主,其中 4 万个博客都是日更。之后,有人估计世界上有 1 亿个博客,其中约有 1 500 万个为活跃博客。[①]

有人说一些科学家对使用博客很犹豫,正如牛津大学环境中心(the Oxford University Centre for the Environment)的艾莉森·阿什利(Alison Ashlin)和理查德·J·莱德(Richard J. Ladle)在《科学》杂志的政策论坛上所说的那样,"可能是因为对博客产生了网络聊天

---

① Scott Gant, *We Are All Journalists Now*: *The Transformation of the Press and Reshaping of the Law in the Internet Age* (New York: Free Press,2007). Sarah Boxer, "Blogs," *New York Review of Books*,February 14,2008.

室甚至盗窃知识产权的联想",[1]他们是对的吗？我认为现在说什么都尚早,因为博客既是简单的又是复杂的。

建立一个博客就像访问一个在线 DIY 的博客网站一样简单。你甚至可以注册广告服务,将广告放置在你的博客,无论何时读者点击广告,你都会有收益。假设你能达到广告服务要求的最低流量,你就可以获得一笔费用(但不要期望太多)。但制作博客意味着需要维护网站、提供所需的大部分素材、更新网站、添加有用的链接(并决定哪些是合适的)等任务。所以,如果你想继续下去,一定要热爱你的项目。

其他的好建议来自《艾丽》(*Elle*)杂志专栏作家 E·吉恩·卡罗尔(E. Jean Carroll)。她说她的作者们问的第一个职业话题就是博客。不久前,她回复了一位想知道如何吸引更多注意力的读者——"(就像每个人一样)拥有一个博客"。

E·吉恩的建议可能是好的,但它也有些耸人听闻,她前两条最耸人听闻的建议是:通过侮辱一位偶像博主而增加自己博客的点击量;发布裸体博客视频。

她更严肃一些的建议是:拥有你自己的主题。也就是说,在与之相关的一切事情上都绝对要做到最新,然后就做这项工作。正如E·吉恩所说:"打破故事;更新最新的链接、图片和视频;以及写作独有的风格。"[2]

在你自己的博客上,只要你想,任何时候,每周、每天、每小时都

[1] Alison Ashlin and Richard J. Ladle, "Environmental Science Adrift in the Blogosphere," *Science* 312 (April 14,2006): 201.

[2] E. Jean Carroll, "Ask E. Jean," *Elle*, August 28,2007,384.

可以发博客。但是一些专家说保持一个有规律的节奏有助于吸引读者。[1] 还有人建议博文长度保持一致（直觉上我并不明白为什么这会有帮助，但时间会证明）。

博客圈的规范要求你将你引用的其他博客作者链接添加到你的博客。这样做的好处是，你对他们的链接可能会鼓励他们链接到你。你可以试着在别人博客上发表评论时插入你自己的博客，尽管有些人不允许这样。柯珊宝把她的博客链接到安德鲁·C·列夫金（Andrew C. Revkin）在 NYTimes.com 建立的博客，对方也在她的博客上放了自己的链接。

也许最棘手的问题是是否允许人们在你的博客上发表评论。如果你这样做，你可以在理论上创造一种社区，一个让人们在有重要或者有趣的并且与你工作相关问题的时候，和你交换意见的地方。许多科研人员说，他们发现这种博客环境非常有用。

但当一个博客吸引了广泛关注、读者评论帖变长时，它就变得老套，就有一定的可能退化成一个无趣的博客。

如果你让人们在你的博客后评论，但是不监控他们言论，你将不得不承认，它最终会被一些读者以"粗鲁的、恐吓和误导的方式"评论。正如《纽约时报》的公共编辑（监察专员）克拉克·霍伊特（Clark Hoyt）在《纽约时报》的博客专栏中说的一样。[2] 霍伊特为了捍卫报纸决定监督和删除那些不宽容、不合理的回帖。但是，如果你采取措施消除这种事情，肯定会因为强加无根据的限制而被指责。"温和礼貌"曾被一位发帖者用来形容《纽约时报》博客。

---

[1] Paul Boutin, "So You Want to Be a Blogging Star?" *New York Times*，March 20,2008，C8.

[2] Clark Hoyt, "Civil Discourse, Meet the Internet," *New York Times*，November 4,2007，WK14.

你也可能很"幸运",有人冒着抢占你博客的风险频繁在你的博客上发帖。在这种情况下,如果你限制他们发布则会被指控滥用新闻审查。

即使在别人的博客上改正错误也会很费时间。但是,尽管它们很耗时,然而就像阿什利和莱德在《科学》杂志上说的:"如果环境科学家忽视在线交流平台,如博客,在这个地球资源日益减少的残酷时代,我们会有造就一代生态文盲的消费者和选民的风险。"

一些人实际上是靠写博客谋生的,但这取决于是否拥有源源不断的流量流到你的网站。反过来,稳定的流量取决于你的博客是否有新的内容。保持更新并不容易。在 DotEarth 博客运行了一段时间后,列夫金描述在博客世界的生活就像一个巨大的气球不断膨胀,直到占据所有的生活空间。

即使是那些在开博客前就过得比一般人更繁忙、更复杂生活的人也纷纷表示,博客的无间断特性很无情。

也许正是由于这种压力,一种新的博客方式被"慢食"运动所影响,这就是所谓的"慢博客"。[①] 一个慢博客提倡者是托德·西林(Todd Sieling),他的"慢博客宣言"(箴言:该发生的自然会发生)被发布到了网上。在他看来,慢博客拒绝立即点赞,认为"说到关键问题",反思"在日常的狂躁和狂喜中自愿保持的沉默"。慢博客不在乎有多少人阅读他们的网页。结果可能是,大多数慢博客网站吸引的读者很少。最出名的慢博主拥有的排名在中间的博客,可能也只

---

① Sharon Otterman, "Haste, Scorned: Blogging at a Snail's Pace," *New York Times*, November 23,2008,10.

能吸引几百名读者。[1]

　　所以,对于博客来说最大的问题是:有多少时间和精力投入博客上,无论是你自己的或者别人的? 已经有超出世界需要的博客和编写博客线程了。也许E·吉恩的最好的建议是做博主前好好考虑一下:"亲爱的,如果你不具备耐力,还是通过写维基百科条目帮助他人吧。"

---

① Sharon Otterman, "Haste, Scorned: Blogging at a Snail's Pace," New York Times, November 23,2008,10.

第 10 章　科技写作

前英属哥伦比亚大学渔业中心主任丹尼尔·保利（Daniel Pauly），曾对科学和技术学科的写作质量低劣而愤怒。"我可以做得更好，"他这样认为，但在他陪同一位同事去卡拉 OK 歌厅后，他的观点改变了。

事情是这样的，他的同事决定唱一下，这位马上要一展歌喉的歌手有麦克风、音乐伴奏、所选歌曲的歌词提示、弥漫着黑色而浪漫的气氛，甚至还有一位已经陶醉了的观众。虽然如此，他还是唱砸了。

保利多年后告诉我，这个插曲让他想到信息是如何交流的。他意识到了解语言与话题还不够，讲好故事还需要更多能力——而记者则刚好有这种能力。

当然了，在卡拉 OK 唱歌不比科技写作，读一本名不见经传的书也成不了知名作家。我认为除了读别人的作品然后练习自己的写作之外再没有其他可以成为作家的方法了。

但是我可以为那些有兴趣为外行读者写作的人提供一些有用的建议。毕竟，虽然你可能需要灵感和天赋才能成为一个诗人，但成为一个足够简洁、引人入胜的作家并不困难。

不幸的是，科学家和工程师在开始时往往会遇到一些障碍。他们经常逃避正式的写作训练。他们的研究主题可能是复杂的、神秘的、难以传达的。他们可能擅长分析，但不懂综合——一项使作品优秀必不可少的总结技能。当然，有些研究者对一种超精确性有近乎病态的自豪感，这会使他们的写作满是附加说明，最终使文章变得难以理解。

"许多作者的目标都是专业领域内的基础研究，尤其是在前沿研究活跃的领域内"，前《科学》杂志的编辑唐纳德·肯尼迪（Donald Kennedy）在该杂志的一篇社论中写道。[1]"由于各学科变得极为精细，它要求大量使用技术语言、术语和缩写。这甚至使任何分子生物学家发表在分子生物学杂志上的带有日常术语的标题的文章都无法被生态学家所理解，更不用说是物理学家了"。

哥伦比亚的文学教授大卫·达姆罗施（David Damrosch）把这个现象叫做"小圈子式写作"（coterie writing），即为一个志同道合的读者圈而写作。[2]小圈子式写作中大量使用术语、缩写、缩略词和晦涩的词，这些说法除了你的小圈子之外，连同领域的人都未必看得懂。

"为公众写作而拉低我们的研究看起来既不必要也不值得。"达姆罗施在《高等教育纪事报》（*Chronicle of Higher Education*）时说，"如果想要超越舒适区，让不了解这个话题的人们理解我们，我们就要改变写作方式，使他们相信我们的话题值得一读。"

我在《纽约时报》的同事詹姆斯·格兰仕（James Glanz）是物理学博士同时也是一名记者。他曾经告诉我他在顶级物理学杂志《物理评论快报》（*Physical Review Letters*）上看到的一则通知。他说，它指导潜在的作者，每一篇论文三分之一的段落必须被任何普通物理学

---

[1] Donald Kennedy, "A New Year and Anniversary," Science 307 (January 7,2005): 17.

[2] David Damrosch, "Trading Up with Gilgamesh," *Chronicle of Higher Education*，March 9, 2007，B5.

博士学位的人所理解。我把这个故事告诉科学家和工程师，让他们明白作为记者的我们在报道研究领域的新闻时有多么困难。如果过多地降低理解力的标准并不能鼓励科研人员培养清楚写作的习惯。

也许这就是为什么弗农·布斯（Vernon Booth）把他的书《传播科学》（*Communicating Science*）奉献给他取名为 T. W. Fline 的神秘读者，即那些母语不是英语的人。[①] 他呼吁科学家写得清楚易懂到连 T. W. Fline 都能读懂。把这样的读者记在心里是个好的打算。它不必非得是 Fline——它可以是一个邻居、你的爷爷、好奇的 12 岁小孩，或任何其他你认为应该能够理解你作品的人。

对外行的读者致以对科学同行读者同等的尊重。从他们理解和欣赏的角度来思考你的材料。

"好的科学写作会让受众牢记于心，"霍夫曼在《美国科学家》（*American Scientist*）写道。[②] 霍夫曼是在格林威治村（Greenwich Village）的科妮莉亚街咖啡馆的创始人，市民们可以在这个咖啡馆见面并讨论科学发展的问题，他说为科学外行写作可以帮助科学家们更好地为同行写作。霍夫曼说，为一般读者写作"使常常被抑制的隐喻重见天日"。

提高写作水平的一个好方法是在印刷品和网络上读别人写的东西，收看电视，以及收听广播。留心你认为好的作品，思考它为什么好。了解你喜欢的作品，并思考你为什么喜欢它。（事实上，如果你没有这样做，重新考虑一下你是否渴望成为一个作家——成为作家

---

① Vernon Booth, *Communicating Science：Writing a Scientific Paper and Speaking at Scientific Meetings* (Cambridge：Cambridge University Press，2000).

② Roald Hoffmann, "The Metaphor，Unchained," *American Scientist* 94 (September-October 2006),407.

对于并非有强烈兴趣的人来说实在是太难了。)

好的作品清晰易懂。后退一步,通过看看每一个专业词汇的概念来评估自己。问问自己谁知道它意味着什么而谁不知道。使用主动语态和简单的语言(如果你不明白我的意思,买一本好的语法使用手册,你真的会需要)举例时用切题的、尽可能有趣的例子,并且要举具体的实例。

有很多专门为想成为作家的人打造的指导手册(其中一些已在本书后面的延伸阅读中列出)。另一个写作指导的地方是《纽约时报》的网站,该网站定期发表《截稿日后》,一个讨论内部指导原则和提供"顺利发稿"建议的专栏[1]。

我在《纽约时报》的同事娜塔莉·安吉尔(Natalie Angier)是一个有成就的作家,她说写科学文章就像写打棒球的文章一样,你要不断定义什么是本垒板,什么又是四坏球后送上垒。所以,当你开始写科学故事,想象如果你的读者从未见过打棒球,你将会如何描述你最喜欢的棒球比赛。

这并不意味着要简化你的写作。作为演员的艾伦·阿尔达(Alan Alda)说起他在那档主持了多年的公共电视节目《美国科学前沿》(*Scientific American Frontiers*)里工作的经验,观众们很快会发现,你摆出低姿态去迎合他们——他们不喜欢这样。他们会马上换台。简洁清晰与沉默不一样[2]。

用有趣和增长知识的方法来陈述你的结论,但不能是教条的。

---

① 例如参见 Philip Corbett, "Smoothing the Rough Spots," After Deadline,December 16,2008, on the Times Topics blog, *topics.blogs.nytimes.com/2008/12/16/smoothing-therough-spots*.

② 私人交流。

记住,你不是在写一本教科书为了让学生去应付考试。你正在写一个故事,你希望的是激发读者的想象力。

就像你说话一样,避免行话。你又怎么知道一个词是不是行话,想想它是否是一个可以用于标题的词? 如果不是,想想你是否能用通俗的语言讲述你的故事。如果这个术语至关重要,先定义它。正如你说话一样,注意你的隐喻、明喻、类比。

最重要的一点: 说你需要说的来推动故事的进行。恰到好处,不多不少。像安吉尔在《科学作家》(*Science Writer*)里的一篇文章所说的:“你无需使每个音节都附满累赘。”[1]有疑问的时候,就砍掉多余的。当我写作的时候,我试着把我的故事想象成一辆沿着一条轨道前进的马车,每一个字要么推动马车前进,要么使它负重减速,所以我做的就是扔掉包袱。

扔掉包袱很难做到。哪些细节是关键的,哪些又是杂乱的,并不是直觉就能轻易判断出来的,尤其是你自己添加的细节,你会越发现它们越吸引人。不要仅仅因为你觉得很酷,就把不必要的信息硬塞到文章里。

彼得·埃尔伯(Peter Elbow)在《有力量的写作》(*Writing With Power*)一书中把他的写作方法描述为,把一半的时间用来写作,一半用来复审。他建议坐下来,写下与你的主题相关的一切。不要重复,不要离题,不要担心顺序或措辞。[2]

当复审的时候,从读者的角度通读你所写的东西,找出最好或最重要的部分。根据要点重新排列其他次要部分。

---

[1] *Science Writer*, Spring 1992,8.

[2] Peter Elbow, *Writing with Power: Techniques for Mastering the Writing Process* (New York: Oxford University Press, 1998).

在我写文章的时候，除非它是一个非常简短的新闻故事。我通常会列一个大纲，下面是个典型的例子：

1. 故事的导语（顶部）。有时这是一个最重要的事实或发现的直接引用；有时我以故事作为开头，就像我这里的一些章节这样（轶闻式导语）。

2. 重要问题的答案：你为什么要告诉我这些？为什么是现在？记者称这一重要段落为"核心段落"（nut graph）或"客观图"。这里可能会出现："这个发现很重要，因为……"或者"科研人员首次可以解释……"它不必紧跟在导语后面，但也不能在文章中太晚出现。

3. 解释和扩展导语的材料。

4. 必要的背景。（很重要！）

5. 支撑性材料。

如果你在电脑上写故事，（谁不是？）你可以把你的故事写在你的大纲里。加上丢失的部分，删除多余的部分，勾勒出你的结论，并打一份草稿。再读一次，无情地找出任何可以移除的东西。

站在读者视角。如果你是为那些读《科学时报》（*Science Times*）的人写作，记住，调查表明，这些读者——普通美国人——认为 7 字到 11 字的句子易于阅读而大于 25 字的则是难读的句子。同时，不要把你的小品文变成一堆短小而不连贯的句子。用长短不一的句子使文章更富有节奏感。段落也是如此——它们不应该都是相同的长度。

让主语紧邻谓语。在不打断主语—谓语组合的情况下，加入关

系从句或从属句。如果你不知道我在说什么，找一本好的指导手册
看看（再重复一次，你将在本书后面找到一些建议的阅读书目）。

　　避免使用静态动词，尽可能使用动作动词。你不必非得遵循这
条规则，但这是一个很好的规则。使用主动语态，不要像保罗·瑞威
尔（Paul Revere）所说的那样，"英国人的迫近被观察到了"。而是说，
"英国人来了！"（实际上，瑞威尔还将这里说的英国人称为"正规军"，
但是这种论法有炫耀知识的嫌疑，你也应该避免。）

　　由于某种原因，科学家们出了名地很喜欢使用被动语态——事
物被添加、被测量、被发现等等。使用主动语态迫使你明确谁添加、
谁测量、谁发现，并能指出你的故事中的漏洞。

　　下一个建议也许是我最奇怪的一个建议，但它很有用，用英语这
种源于日耳曼语的语言写作时，力求用源于日耳曼语的词根而非拉
丁语词根。说"猫"，而非"猫科"；说"安全的饮用水"而非"可饮用的
水"；不要用"吸入空气"、"反应"，而用"呼吸"、"回答"。

　　接受叙事的使用——当你可以的时候。如果你写的作品自然有
一个叙述性的架构，多年的研究成果在一个显著的发现中得到回报，
那就不要害怕把它当作一个故事来讲述。正如霍夫曼所说："人类喜
欢以故事的形式组织他们来之不易的现实知识。"[1]所以，把你的作品
想象成一个有开头、主体和结尾的故事，用它的叙事骨架把它拼在
一起。

　　一个重要的警告：你有可能太迷恋叙述的写法而忽略、增加或
者扭曲事实以达到讲故事的目的而忘记了传递信息的初衷。不用
说，你必须避免这些冲动，在我看来它们是一个科学写作中尤其要注

---

[1] Hoffmann, "The Metaphor, Unchained," 407.

意的隐患。另一个警告——对于研究者来说，这应该是没必要提及：
记住，轶事不是论据。

　　避免委婉语。特别是避免使用表达政治观点的委婉语，诸如"反
堕胎"（pro-life）或"健康森林倡议"（healthy forest initiative），应该说
"对流产权利的反对"，或"在联邦土地上增加伐木工的提议"。

　　避免陈词滥调。如果你的眼光像鹰一样敏锐（啊哈！），那么一定
能发现它们。

　　避免双关语和文字游戏。当然，这是个人品味问题，但在我的经
验中双关语和其他文字游戏通常是那些不想花时间搞清楚如何有效
地说自己想说的话的作家的避难所。我告诉跟我学写作的学生：假
设你一生只有一个用双关语的机会。如果你觉得是值得的，就去用。
如果不是，那就用另一种方式说。

　　想一下如果配上一张照片、一张图、一张图表、一张地图或一张
简笔画，你的文章会不会更出色。如果你自己无法添加这些，可以向
你的编辑方提出建议。

　　最后，重读、重写，然后学会适可而止地修改，文章就像是面团一
样——面粉加得太多，它就会变得僵硬。练习多了你就会知道什么
时候你的文章改进足够了。

　　如果你的作品在发表后遇到了麻烦，这里有一些技巧可以帮你。
举个例子，无论你是写一篇新闻、一个专题，或一个观点，给你自己留
出反对批评的机会，承认你的论点、数据或研究发现还存在有待更新
的空间。如果别人反驳你，先承认不同，然后说为什么你的观点更
有力。

　　要公平。如果你想在书上或网上严厉批评某人，给对方一个回
复的机会。如果你认为你可能会有被起诉的风险——如果你诋毁别

人——一定要小心。《美联社写作指南》(*The Associated Press Stylebook*)有一个很好的关于诽谤法的速读。有疑问的时候,从公共信息官或与媒体打交道的人那里获得建议。

除非你在写自己的原创性知识,否则就说明你的信息是从哪里来。记住,作为一个作家,你最重要的品质在于陌生人愿意相信听你说话是值得的。为了保全这份信任,不要在你个人不确定是否属实的信息上署名。美联社曾经告诫作家要怀疑一切。你不必那么极端但是你必须要小心。

最后这一点建议似乎很难被有成就的科学家所采纳——愿意被编辑修改自己的作品。承认你很可能不是你自己文章的最佳评判,也不知道什么才是出版商想要的作品,等等。作家对编辑的问题或建议不满是很普遍的,但是不满是无益的。如果有人读你的作品有疑问,退后一步,问问那个人不懂的是什么。你不一定要接受你的编辑提出的每一项改动,但在你开始争论之前,找出疑问产生的可能原因。

需要如何对文章进行编辑加工,有些很简单:例如,纠正语法和排版错误。你会为自己文章的准确性负责,而你的编辑会检查事实性错误。他们也会使你的文章符合出版物的"风格"——比如规定哪些词可以缩写的,哪些必须拼写完整。如果有必要,他们会为适应版面空间而调整你的文章。(如果你认为他们调整得不对,解释为什么你觉得不对并提出自己的解决办法。)

如果编辑认为你的文章很不连贯,他们可能会建议用过渡短语来解决问题。他们可能会告诉你,你的文章哪些地方是不清楚的,或在你认为很通顺的地方指出歧义,或者指出与事实相悖的思维跳跃。他们甚至会挑战你的一些说法——尤其是当你的那些论断与事实矛盾或有可能被视为诽谤的时候。

这些意见和建议并不意味着你的编辑想削弱你的论点，通常他们想帮助你更有效地阐述你的观点。不要被编辑"欺负"，但是不要拒绝他们提出合理建议的帮助。

相反，考虑一下小奥林·H·皮尔基（Orrin H. Pilkey, Jr.）的经验，他是一位沿海科学家，写过几本关于沿海土地使用和侵蚀危害的书。回忆写作第一本书的经历时，他说："我记得我与编辑不断争吵，她一直说是这书太专业，太复杂了。我那时觉得她是不会欣赏科学美妙的傻瓜。"[1]

书出版后，他很高兴，直到他遇到了一些老朋友。他们受过高等教育，但不是什么大科学家或工程师，"他们恭维了我的书，但却做出了让我震惊的评论——'美中不足是这书太过专业了'。真是打击呀。后来，我开始留心编辑的评论了。"

在约翰·厄普代克（John Updike）去世前的几个月，我与他进行了交谈，他是由我的同事查尔斯·麦克格拉斯（Charles McGrath）介绍的，麦克格拉斯曾是《纽约时报》杂志评论和《纽约客》杂志的编辑（厄普代克曾在那儿工作多年），麦克格拉斯告诉听众，厄普代克不仅是一个多才多艺的作家，他还擅长与编辑打交道——他明白写作过程包括编辑过程，他很愿意参与这些过程。"有些作家严守自己那一套，"麦克格拉斯说，"他们太封闭了。"

别那样。要像厄普代克那样。

如果一个编辑提出一个站不住脚的建议，那你该反驳一下。但是反驳不能过于频繁。如果建议并没有改变这篇文章的意义或重

---

[1] 私人交流。

点,那你也许不必太固执。

采访

　　当你不是写你自己的成果或想法时——甚至就算你在写自己的成果和想法——你可能需要采访他人来了解他们的成果、他们的发现,还有他们的意见,等等。亲身实践才可以提高采访技巧,但也有一些步骤你可以提前准备。

　　首先,想想你希望从你谈话的人那里得到什么信息,写下你的问题。当我采访一个人时,我会记笔记,把我的问题写在一张单独的纸上,我可以参考我的单页纸而不需要翻页。有时我也用电脑记笔记,比如电话采访时,我会用电脑创建文档来写下要问的问题。

　　当你打电话或发电子邮件向某人邀约采访时,告诉他(她)采访内容将会是什么,你期望得到什么样的信息(例如一个专栏),还有你认为采访会持续多长时间。如果你觉得自己不得不写一些关于被采访者的负面信息时,要坦诚地说出来。告诉对方你在写什么,并说你想确保他有机会表达自己的观点。

　　用简单的问题开始,像是如何拼写一个人的名字(查查这个信息,无论你认为你有多了解他),他是什么职位。如果你需要这些信息,确保信息是准确的。从这类问题开始,你也要建立一个在采访过程中你问问题而你采访的对象回答你的模式。有些人容易被采访时的记录或录音分心,而回答这些问题可以帮助他们习惯问题模式。

　　下一步,努力让你的采访对象回答一些开放式的问题,不像是那些用一个单词、短语,或是与否就可以回答的问题。例如,问一个人"告诉我关于你早年担任研究人员的经历"。而不是"你做过博士后吗?"或用"讲讲你的实验室吧"来代替"你实验室里有多少研究生?"

故事团(StoryCorps,又译访谈亭),是一个独立的非盈利性的项目,这个项目记录普通人采访朋友、亲戚和其他在他们生活中重要的人,然后把成品在国家公共广播上播放,这个项目提供了很多好的例子,这些例子都是些开放性思考的问题,这些好的例子可以帮助你更好地思考怎么来为采访构思更好的问题:

> 你生命中最幸福的时刻是什么?
>
> 你最自豪的事是什么?
>
> 生活教会了你哪些最重要的道理?
>
> 你希望如何被记住?

你可能会认为,如果你问一个科学家或工程师:"你职业生涯中最幸福的时刻是什么?"是不可能得到什么有用信息的,但你也说不准。如果你有时间,抓住机会。要知道,人们对故事会有共鸣。他们习惯于在故事里寻找信息。所以,如果你正在采访的人专注于细节,那么你可以试试"你做这项工作的动机是什么?"我猜答案不可能像"我的薪水"那样平庸。

如果你问专业问题,并得到一个专业的答案,把答案用你自己的语言,即大白话写出来,然后想想这个用你自己的语言写成的答案是不是能切合主题,直到被采访人对你的措辞满意为止,直到你可以简单并精确地解释专业问题再结束采访。

放弃你的自我。如果你不懂什么,就说出来。对于你来说,采访不是一个让你来炫耀你知道多少的场合,这是一个让你从被采访人身上学习的机会。不要担心对方结束采访后会认为你是傻瓜。让他日后被你的文章或广播的光辉所倾倒吧。如果你对采访对象的学科领域有一点了解，不要想当然地认为他思考问题的方式会和你一样。不懂的地方就大胆地问出来。

如果你是记笔记而不是录音采访，不要害怕告诉你的采访对象，他讲话太快了，就说："稍等一下，让我把这句话记下来。"或者让他重复一遍他说过的话。

一般来说，你不应该改变（修正）任何你在引号内标注的东西。《纽约时报》允许我们纠正诸如语法错误、错误开端，等等。如果引语不起作用，不要把它当作引语，而是用自己的话转述一下。

成为出版物作者

至少从潜在的意义上说，有很多出版机构可以成为你的东家：你当地的报纸和杂志，校友杂志或你单位的其他出版物，在你领域内的通讯社和其他出版物的专业协会，以及他们的网站，等等。

但你不能幻想编辑去发现你的工作，并从一开始就把你看作一个作家。如果你想专门找一家出版社出书，你必须让它的编辑知道，也就是所谓的"推荐信"（pitch letter）。

例如，如果你在考虑为期刊写作，你应该决定哪种期刊你想为之进行写作，唯一的方法就是去阅读该期刊。了解该期刊的内容范围是什么，以及你想要怎样定位自己。

描述你想写的故事——并把它描述成一个引人入胜的故事。回答"那又怎么样？"这种问题（你为什么要告诉我这个？为什么现在告诉我？）不要把编辑淹没在细节上，但不要漏掉理论上的要点，当你把这篇文章发给她的时候，她会看到的。如果你不发给她，她永远也看不到。告诉她哪些艺术形式可以用于这篇文章，如果可能的话发送示例。

注意，期刊的制作时间比报纸和网站要长得多。如果你的故事在一个月内就过时了，那它可能就不是一本期刊的好材料。

在你的推荐信中，描述写作的资历，并寄送你的文章样本。把你出版的作品、网页等组合起来，因为这正是编辑在考虑委任作者时想看的东西。记得保利博士讲在卡拉 OK 歌厅唱歌那个梗的同时——单纯的知识本身无法支撑你完成引人入胜的作品。

大多数编辑愿意用电子通信交流——电子邮件比传统方式更快捷、简单。你也可以很容易地跟踪你的电子邮件。如果你在一周到十天内没有收到答复，请发出提醒。

如果你真的迷上了科学写作，你可能会考虑得到一些正规的教育，虽然，作为一个从实践获得真知的媒体人，我不认为正式的新闻教育十分重要。但是在一些大学，包括加州大学圣克鲁斯学校、波士顿大学、纽约大学和其他地方都设有科学新闻类项目。这些学科项目可以提供有价值的培训、人脉，以及一些编辑会在意的写作证书。

第 11 章　社论和专栏

当记者谈论教会和政府的分离时，他们通常指的不是基于信仰的倡议或市区的圣诞树。他们指的是他们所工作的公司的组织方式，以及重要的新闻部门与公司的经营活动和社论作者分离的方式。

尽管许多人难以相信，但是这些拥有高声誉的新闻组织的人不会因为一己之私或出于商业考虑（简单来说就是刊登广告）而影响新闻报道。例如，在1999年，一位麦片公司的执行经理被招聘到《洛杉矶时报》负责商业业务，他与一个广告商达成了特殊协议，结果新闻编辑部集体爆发的愤怒迫使他离开了公司。

有信誉的新闻组织把表达意见限制在它们的社论，读者来信和专栏这里也是留给研究人员能够发表意见和为共同体发声的场所。

给编辑的信

一个渠道是信件专栏。大多数的印刷出版物和网站都有一个信件专栏，甚至电视和广播节目也会定期读观众来信。一直以来，与读者的信件往来是新闻组织最受欢迎的一大特色。

给编辑写信可能是一个很有价值的练习，即使你的信不会被发表或播出。这个过程能训练你清晰表达和证明你的想法的能力，你的信还有助于启发收信的对象——新闻机构的人员。收到信件的数

量可以让编辑们明白读者对某一主题有多大的兴趣。一封令人信服
的信会让人觉得你学识渊博、有主见、能够清晰地表达自己想法，它
会证明你是一个有潜力的人。

但是写信给新闻组织，并期待它会被发表或播出，这并不像你给
母亲或同事发一封电子邮件那么简单，你得知道怎么做才行。

首先你要经常阅读信件专栏并且不断思考，琢磨它们的长度、语
气（可能会非常不同），以及它们所涵盖的主题范围。当你对这些了
如指掌时，就没有什么可以阻挡你在此专栏开辟一片新天地了。

接下来，就要等能够启发你写作的新闻了。当它出现的时候，抓
紧时间以免错失良机。与新闻行业里的其他任何要素都一样，及时
性是至关重要的。用电子邮件发出你的信息，而不是邮寄信件。不
要把它当作附件发送。由于安全问题，许多新闻组织指示员工不要
打开从陌生地址接收的附件。

一封成功的信是简明的，注意新闻机构通常发表的信件长度，将
其保持在限定范围内。信件的开始要先引用你所指的文章或新闻事
件。通过你的信来了解问题的人应该能理解你在谈论什么。（如果
你写的是关于一个新闻，你应该注明编辑信息，包括文章的出版日期
和原文出处或广播的日期和时间。）然后陈述你要异议、澄清或建议
的事，或者任何你想要表达和交流的东西。

提供你的联系信息，你的身份和头衔，以及其他相关信息：比如
你是一本书的作者，或者是一个专业协会的负责人，诸如此类的相关
信息。如果你的信要给广播或是电视播出，请说明您的名字如何
发音。

如果你是一个已出版著作的作者，请注意，信函可以是一种推广
你书籍的有效方法，但也要注意，编辑们对看似书籍广告的信函非常

警惕。

　　要注意,您的来信有可能被新闻发布编辑所修改。所以请清楚表明你同意他们对你文章作出修改。

　　最后,记住,信件是用于以小见大、引发讨论思考的,而不是纠正错误的。如果你在信件中谈论错误,那么你想要的是写一封修正信,而不是给编辑的一封信。

　　给《纽约时报》和其他出版物写信件专栏最成功的作家之一——布朗大学的哲学家和生物伦理学家费利西亚·尼缪·阿克曼(Felicia Nimue Ackerman),写了很多简洁、贴切的来信,有时,我们担心刊登她的来信太频繁了。

　　我让阿克曼教授分享她的秘密,她说她没有。思索后她说:"真正重要的事情是简洁明了。"她说,这个建议只会对那些认为写信是复杂又冗长的人有帮助。[①] 不过,当她描述她的信时,她确实分享了一些有用的指导。

　　首先她同意,如果你想回复一篇文章、广播或海报,你应该迅速行动,并且注意你的语言。她说:"现在很多人主要是和同意他们意见的人谈话。科学家需要理解不使用他们的专业语言的必要性。他们可能知道,但他们必须时刻提醒自己。"她建议:由一个非专业的朋友起草你的信稿。

　　阿克曼说,她写信通常是关于惹恼她的事情。她写的第一封信是为了回应一篇关于教疗养院的老人们写诗的文章。老师觉得写出来的诗歌效果不错,但阿克曼不同意,更糟的是,她觉得老师以傲慢的姿态对待老人们。

---

① 私人交流。

毫不奇怪,她写的信经常是负面的。写这样的信需要脸皮厚一点。被拒绝也是一个问题。只有大约十分之一的信件最终会被发表。但是,写信是值得的,她说,部分原因是一封信总会鼓励人们以新的方式思考问题。阿克曼还说,她有时写信表达她认为许多人持有但可能不敢表达的想法。当人们阅读这些信件时,他们意识到他们并不孤单。

以下是她在《纽约时报》信件专栏上发表的两个例子。针对一篇关于老年痴呆症脑损伤的文章,她写道:

> 阿尔茨海默氏症会导致精神病的一些症状,至少在一定程度上是由脑损伤引起的,这不足为奇。但重要的是,不要认为这是阿尔茨海默氏症患者认为家庭成员伤害他们的原因。虽然有些家庭可能真的虐待阿尔茨海默氏症患者。此外,是否该对一个阿尔茨海默症病人进行药物治疗使他在妻子看来还是"那个和以前一样的愉快的人",这引发了一个问题,即是否应该用药物来治疗病人,以使病人的照顾者受益。[1]

不管你是否同意阿克曼教授的意见,她提出了一个很有说服力的问题,而且只有不到两百个字。

这篇更短的文章,是针对一篇关于性研究者阿尔弗雷德·金赛(Alfred Kinsey)的文章而写的:

> 我觉得很好笑,卡利布·克林(Caleb Crain)的文章引用阿

---

[1] Felicia Ackerman, "Dealing with Dementia," Letters, *New York Times*, November 9,2004.

尔弗雷德·金赛的话说，"只有三种类型的性功能异常：禁欲、独身和晚婚"，他同时也引用了金赛的"拒绝对性的道德化"。因缺乏性活动而被贴上为"异常"的标签听起来就很道德化。[①]

寥寥几行字，意思却十分清楚。你能创造这种表达的奇迹吗？也许不能。但如果你记住这些例子，以后就会提高表达水平。

专栏

之所以被称为"专栏"，是因为它与社论版的位置相对，它是在《纽约时报》被发明出来的，可以让读者表达更广泛的观点。大多数有专栏版面的报纸并没有把内容局限于某一特定的观点。这一页主要是通过对许多话题提供不同的观点来扩大读者看问题的角度。文章引申或解释新闻，描述其影响、含义和相关性，或将前所未闻的观点摆在读者面前。

我感到惊讶和失望的是，许多科研人员不利用各种各样的期刊和综合性出版物的专栏。对于科学家来说，这些平台提供了一个难得的机会，能让他们用自己的声音与读者交流，同时能让观众听到（读到）科学家的声音。

如果你想写一篇专栏文章，你的第一步是阅读你想发稿的出版物，了解它的类型，了解你认为什么有用什么没用，了解提交稿件的规则。通常这些会印在专栏页上或放在出版物的网站上。不过，一旦你学会了这些规则，就要把它们打破。例如，你可以通过注解一张图表或照片来制作一个有效的专栏作品，而不仅仅是写文章。我的

---

① Felicia Ackerman, "Kinsey, the Moralizer," Letters, *New York Times*, October 10,2004.

一个学生的文章是注释一个典型的达尔文进化家族族谱的草图。

要观点明确。许多报纸的社论版都被"一方面，另一方面"之类让人麻木的千篇一律的文章所占据。不要助长这个问题。

要简洁。在一个报纸上一整栏不到 800 字。除非在特殊情况下(记住，编辑会作出这一判断)800 字是你的上限(1863 年林肯总统的葛底斯堡演说只有 266 个字)。

专栏的竞争十分激烈。因此，快速清楚地解释为什么你的话题很重要，为什么当下重要，为什么读者需要知道你所想的。以第一人称写比较好。

总的来说，坚持深入挖掘一个想法。在《纽约时报》，我们经常引用威廉·萨菲尔(William Safire)的理论，他曾是尼克松的演讲稿撰写人、《纽约时报》的长期专栏作家和语言大师。他认为，第一个想法是一篇专栏文章；第二个想法是犹豫不决；第三个想法是有倾向(也许吧)；第四个想法是一锅大杂烩。坚持一个想法。

在专栏页面上，及时性非常重要。因此，就像写信给编辑一样，如果你想成为一个成功的作家，你应该关注新闻，当你关心的问题变成热点时，做好准备去突袭。用电子邮件发送你的提交，但还是不要把它作为一个附件。把它写进你的电子邮件正文。

如果你的作品被接受了，就做好被编辑修改的准备。要保持礼貌。如果你认为编辑的建议是不明智的，那么问一下是什么促使编辑提出建议的。她可能已经发现了一个你看不到的问题，需要用另一种解决方法来修复。

你需要了解你的出版物是否会接受已经发送给其他出版物的稿件。我很遗憾地承认，在这一点上，专栏页的出版商是不会通融的。大卫·希普利(David Shipley)是《纽约时报》的专栏编辑，他在《纽约时报》网站上发表了一篇评论,为潜在的作家提供指导。[1]

海洋网(SeaWeb)是一个非营利性组织,致力于提高海洋和海洋生态保护问题的公众意识,同时也为未来想成为作家的人提出意见,总的来说,这些建议与我的相似:

要及时。当你心心念念的主题出现在新闻中时,赶紧提交你的文章。速度要有多快呢? 24 小时内。你怎么可能这么快?提前做好准备。至少,了解新闻机构的提交规则等。

了解你的受众。行文清晰。

例如当地观点、报纸的发行区域等重要的事情要写清楚。提供图表、地图、照片或其他艺术形式来说明你的作品。尽可能保持简单,尽可能保持一个要点。要使用主动语态。

如果你第一次没有发表成功,再试一次。你可以用电子邮件很快地做到这点。不要仅仅注意有名气的出版物,在小场地上逐渐积累可以帮助你进入大舞台。此外,即使你选择的出版物不接受你的文章,编辑也会了解你,你尽管写,他可能会在下次你熟悉的新闻领域给你机会。

编辑委员会

大多数大型报纸都有一个编辑委员会,这些人的工作是确定报纸在当天的问题上的立场,并就这些问题撰写社论。编委会经常向

---

[1] David Shipley, "And Now a Word from Op-Ed," *New York Times*, February 1,2004; *www.nytimes.com/2004/02/01/opinion*.

科学共同体的专家征求指导、询问信息。

你可以成为他们寻求指导与信息的来源之一，特别是如果你对一个重要的报纸了解的话。如果编辑委员会需要或者你想做的时候，请给社论版的编辑写信，并提出建议。如果你被邀请去见编辑委员会，你需要考虑好将有多少时间去拜访，并相应地准备充分。

你可能会觉得，你站在一个特定的政策立场不合适，但是，写专栏就可以按照意愿写出自己的想法和观点。当然，你可以花时间与编委分享事实。你也可以建议他们邀请活跃在你领域内的记者一同出席。我们在《纽约时报》经常做这样的事情，会议对记者们来说总是很有趣和有用的。

第 12 章　写书

除非你实在无法压抑自己的想写书想法,否则永远不要想着去写一本书。

我在这里所说的并不是作为学术之旅的某种仪式——将论文转变为书籍的过程,那并不是日常意义上的书籍写作。

我在这里所说的是为普通大众而写的书,印书业的人将其称之为"市场书",要么以精装书的形式、旨在普通大众、在一般书店售卖,要么以平装书的形式出现甚或在大学课程中可以找到一席之地的书籍,写这种书是与写一篇论文或者是一本学术书籍完全不同的。

在你写一本书时,你不得不收集大量的数据,并把它们连贯地组织起来。但你也不得不以一种能够吸引你的读者的方式呈现你的信息,就像戏剧一样。同时,一份学术论文的诞生可以是在当作者有了新的发现并把他的发现与其他的著作联系起来之时,但一本书的诞生却需要一种观点。尽管你可能不想进行辩论,但当你陷入要给某个争论点的各个方面花大量时间进行解释时,你很难继续维持叙述的劲头。此外一本书还需要有自己的主题范围,有学术造诣的(着迷的)读者很感兴趣的某一个主题对于外行读者来说却更可能是一枚"炸弹"。

总而言之,仅仅堆积学术数据是不够的,你必须为你的读者考虑,找到一种可以吸引他们的方式。

书籍写作从来都不是容易的,但今天在书籍销售方面的批量生产技术让它变得比以往更难。那些大的连锁书店想要销量好的书籍,它们会向出版方收取有助于把一本书转变为畅销书的突出展台的费用(亚马逊网站上一些突出展示的书籍也是这样的)。大多数出版方不会冒险为没有明确很大回报的书籍付费给书店,结果是书店几乎不会为所谓的"非重点新书"预留突出展示区的位置,因为这种书销量平稳但不会非常突出,而当一位科学家或者工程师来做作者时这种情况更有可能出现。

同样地,正如苏珊·拉比纳(Susan Rabiner)和阿尔佛雷德·福尔图纳托(Alfred Fortunato)在《像你的编辑一样思考》(*Thinking Like Your Editor*)中所说,因为市场原因,书店趋向于把同一种书在同一个位置上架。[①] 拿到你想要的书可以很难,因为它们可能被归在另外一类了。物理学家劳伦斯·M·克劳丝(Lawrence M. Krauss)一直在抱怨他的书《〈星舰迷航〉里的物理学》(*The Physics of Star Trek*)被摆放在科学书籍的书架上,而不是和星球迷航的书籍放在一起。

最后再思考一下这个,根据"尼尔森图书概览"(Nelson BookScan)的结果,在 2006 年美国至少有 144.6 万种书在出售,[②]仅仅有 483 种书销售量超过 10 万本。这些书里有 4/5 的书售出不足 100 本。

---

① Susan Rabiner and Alfred Fortunato, *Thinking Like Your Editor: How to Write Serious Nonfiction — and Get It Published* (New York: W.W. Norton, 2002).

② Rachel Toor, "The Care and Feeding of the Reader," *Chronicle of Higher Education*, September 14, 2007, C2.

　　如果在你读到这一系列让人沮丧的事实后仍然认为你要去写一本书，那么你必须问问自己，你（包括你的家人）准备为此做出多大的牺牲——不仅仅是在金钱上，必然地，还有在时间、压力、孤独上，问问你自己是否愿意在一个也许永远看不到希望的计划上花费大量的时间。你有那种自制力吗？你的家人会支持你还是阻拦你呢？当你把无数个清晨、深夜，甚至是一整天的时间花费在这个计划上时他们是否会难过呢？如果你的工作已经很孤独了，你愿意让它更孤独吗？

　　即使你可以肯定地回答这些问题，这儿仍然有一些问题你需要考虑。你需要知道你的书是为谁而写的，为什么他们会想要阅读你的书籍，以及关于这个主题市场上已经有哪些书籍了。当未来的出版方问及谁将会买你的书时，你需要去准备一个答案。

　　不要想着为赚钱而写书。无论你的出版方为你提供什么作为预付款，那几乎就是你能从你的书中拿到的全部了，而这对于书籍作者来说是不言而喻的。且通常来说，少于10％的书可以赚回它们的预付款（我的第一本书除外，但那是因为我的预付款是如此之少）。考虑一下预付款是否可以覆盖你在写书的过程中产生的花费——出行、参考资料、许可、复印，等等。

　　写出手稿仅仅是这场战役的一部分，在越来越多的出版社，编辑似乎成为了一项必须进行的活动，相信我，每个人都需要一个编辑。你可能不得不雇佣你自己——考虑到编辑的成本。（请写过书的同事推荐一位明智、有能力的编辑，如果有可能的话，尽量是在当地。）

　　一旦你的书籍被出版了，你将不得不去推销它。如果你足够幸运的话，你的出版方会为你安排一次媒体巡回推销，你将前往那些遥远的城市并出现在收音机或者电视节目上，做一些类似于在书店进行朗读的事情。你喜欢做这样的事情吗？你能为这样的事匀出时间吗？而如果你的出版方并没有为你安排这种活动，你会自己去腾出时间、花钱安排这种活动吗？老生常谈的是：出版商一般都不会对书做足够的推销。

找到一个出版商

但首先你必须找到一个出版商，一个选择就是那些学术出版社，它们中的很多一直在寻找较好的与专业相关的主题以及那些优秀的作家。学术出版社一般会付给作者相对较少的钱，但会让他们的作品更久地处于印刷状态，而这无疑是让人欣喜的。且退一步说，好不容易写成的书结果却很快地流向了制浆桩是很让人挫败的。

如果你想要在商业出版社出版，或者如果你想要和任何一个出版商协商到一个更好的合同，你将需要一位代理人，一个可以在与出版商的交谈中代表你自己的人，而找到一位代理人比较困难。

第一步就是咨询那些已经出版了图书的同事，看看他们的代理人是谁，结果是否让人满意。如果结果很好的话，去找那位代理人，并询问他是否愿意做你的代理人。写作样本、剪辑与磁带组合等诸如此类的东西，都可以是很好的自我推销工具。

接下来的一步就是去完成一份提议。理论上来说，你的提议需要描述你的书籍，说明你的读者是谁，并解释清楚你的读者可以从这本书中得到什么。之后你的代理人将会把你的提议寄给那些出版商，以希望他们中间有人看看是否可以成书。在某些情况下，提议是整个计划成功的钥匙，所以请准备好为之投入时间与精力。

一份典型的提议应该包括：

内容概述（解释你的书是关于什么的，它的论点是什么）；

提纲或内容目录；

一节或更多节的章节样本；

书稿说明（确定页数、插图数量、是否需要彩印，等等）；

对于读者的简短描述，告诉你未来的出版商你的目标读者群（当你写的时候把你的目标读者群记在头脑里）；

一份已经存在于市场上的相似书籍的书单，并解释你的书的不同之处在哪里/优势在哪里；

你的简历。根据是什么让你成为写这本书最合适的人这条思路来写，这份简历应该简短一点，除非它真的很有趣。

如果有的话，写上你所特有的销售能力。你在这个领域很卓越吗？你有独特的能吸引到特别大及有价值的读者群体的方法吗？不要羞于提及这些优势。

你是否上过电视或者曾经出现在广播中，你是否曾经收到过对自己作品的正面评价。回忆一下这些材料，你的代理人可以用它们来把你的书推销给一位编辑。这位编辑可以用它们来把你的书推销给内部委员会，而后者则会选出公司将要出版哪本书。

一份成功的提议可以表明你有坚定的决心、前进和战胜困难的勇气、清晰动人地阐明事物的能力，以及把计划执行下去的热情。如果你幸运的话，你会找到一位代理人，你的代理人也最终会为你的书找到若干个潜在出版社。

你可能会更倾向于哪家提供给你最多的钱来选择出版社，这种方法并不一定像它听起来那样愚笨。因为如果一家出版社已经在某本书上投资了大量钱，那么它也会做更多的事来推销它，但这里也存在着其他的考虑因素。

生物学家詹姆斯·D·沃森(James D. Watson)在他的回忆录《不要烦人：科学生涯经验谈》(*Avoid Boring People*：*Lessons from a Life in Science*)中描述了他写《双螺旋》(*The Double Helix*)——一本阐释 DNA 结构的书的经历。他写道，这次经历让他明白了"一位明智的编辑远比一份巨额预付款重要得多"的道理，[①]"假定你并没有被无礼地虚报低价，以预付款为根据来选择出版商就像仅仅以最低投标为标准来选择房屋建筑商一样"。

沃森说，考虑到其他因素，一位对处理科技主题有经验的编辑会明白写关于这方面的书可能会花费比预期长得多的时间，那些插图，甚至上色也许都并不是奢侈之事，而是很必要的(正是由于这方面的缺失，我与我的第一本书的出版商的争论失败了)。

你是否能和将成为你的编辑的人建立良好的工作关系，这很难(一下子)搞清楚，但你可以去寻找线索。你要寻找的那个人，不会让你偏离你的学术文章的那些细小规矩，但同时也不会强迫你走科学专业的风格。你可能会想去和与这位编辑合作过的科研人员或作者进行交谈，去感知他的风格。

出版社愿意在印刷、出售你的书籍上投资的兴趣至少和预付款一样重要，查询一下出版社是否有关于你这种类型的书的成功记录，以及它是否愿意花费所需要的支出来促使它成为一本畅销书。除了编辑和艺术加工的成本之外，还有例如"出版商会同意加上书本索引吗"之类的问题，答案应该是肯定的——坚持下去。如果你的书潜在地对大学课程有帮助，寻找有经验的出版社来针对那个市场出售。

---

① James D. Watson, *Avoid Boring People*：*Lessons from a Life in Science* (New York：Oxford University Press，2007),236-237.

即使你已经确定了出版商,你的战役还没有结束。你可能会不喜欢他们建议的封面设计或者标题,而考虑到销量,这两者都很重要。你可能会不得不坚持让你的出版商在第一轮印刷中印刷出足够数量的书本,根据拉比纳和福尔图纳托所说,开始印刷 6 000—7 000本较为合适,而这显然并不是非常多。[①] 拿我自己的经验来讲,没有什么比听到人们说他们想买你的书,但发现书店书架上没有而更让人心碎(恼怒)了。

找一位合著者

出版商会多次建议研究者与合著者一起工作,通常是新闻记者或者科普作家。

想想你是否会喜欢这种合作的方式,以及你理想的合作者可能是怎样的,试想一下若你不得不考虑你的合著者的观点,这会不会让你很崩溃。

如果你的代理人或者出版商建议你和一位合著者一起工作,仔细考虑他们的建议。他们可能有理由相信你需要帮助来完成你的书稿,如果你决定采用这种方法,那么你怎样去选择一位合著者呢?

你的代理人可能在头脑中已经有人选了——他和一些作者合作过,并带来了很好的结果。如果没有的话,开始密切注意那些新闻工作者,他们会在以大众兴趣为中心的期刊甚至是诸如《自然》或者《科学》的专业出版物上报道你所研究的领域,向你的代理人或者出版商推荐他们。

我在《纽约时报》的同事桑德拉·布拉克斯莉(Sandra Blakeslee)

---

① Rabiner and Fortunato, *Thinking Like Your Editor*.

已经和若干位科研人员合作出书，并取得了她所说的好的结果。她是如何定义好的结果的呢？她说："出一本不错的、可读性强的书。"①

布拉克斯莉提到，要记住最重要的事情是与一位合著者共同出书并不会让工作变得简单，但会让这本书变得更好，这是她听到她的一位科研合作者对于那些即将成为科研人员及作者的人所说的话。

布拉克斯莉同时说道："许多科研人员认为他们仅仅需要把所有的一切都呈现给作者，作者就会魔术般地读懂他们的意思，并立刻想到一种叙述这些事实的方式和有助于叙述的一些例子，但这是不对的，你不得不做大量的工作才行。"

当布拉克斯莉和一位研究人员合著者一起工作时，她坚持要求这位科研人员定期腾出大量时间——一口气腾出一天，两天，或者三天的时间来讨论这本书的某一个部分，也许是某一个章节，以及就这本书应该覆盖哪些论点、应该怎样安排这些论点达成一致。然后她会完成这部分材料，并把它寄给科研人员，之后再进行讨论。

"不可避免地，"她说，"你得把这些材料带回家，写一份你认为反映了他们所说的话的章节初稿，但他们也许会说'哦，我可从来没说过那样的话'或者'你这是在把话语强塞进我的嘴巴里'，即使你已经录了音。"

同样不可避免的是，她会据理力争，他们最终会说"好吧，你是对的，我的确那样说了"。

布拉克斯莉说，一段好的合作就像是一段好的婚姻。当一位伙伴心情挫败，认为事情进展得并不顺利之时，另一位伙伴会提供鼓励与支持。"你需要有人来鼓励你，"她说道，"这就像是大家共同写一

---

① 私人交流。

本书时的情感跷跷板,都会上下起伏。"

出于紧密合作的需要,布拉克斯莉并不建议与那些居住在距你超过 500 公里的地方的合著者合作,同时,当她与合著者在某本书上进行合作时,她会要求对方预付款与著作版税都五五分。"科研人员必须意识到合作的作家并不是奴隶、马屁精或者专门来写你的学期报告的人,"她说,"作家是兼具有组织能力、故事叙述能力、采访能力,以及布局和调节叙述节奏能力的人。"

海岸科学家兼作家奥林·H. 皮尔奇(Orrin H. Pilkey, Jr.)或多或少告诉了我一些关于他与一位合著者一起工作的事。"我渐渐开始变得尊重甚至嫉妒他的写作能力,"他说,"我们的确在应该如何组织文字方面有过分歧,但我认为我们的成功之处就在于彼此承认对方就是特定领域里最博学的专家。"①

一些研究者已经具备了杰出的写作能力,如果自认为就是其中一员,布莱克斯莉认为测试这个观点的办法就是为非科学性出版刊物写文章。如果你的写作全程顺利,那么你也许是对的,但请记住——虽然一位科学家因为一本销售著作得到了一笔预付款,但出版商后来可能发现这原稿并不是他们所想要的,这并不是不同寻常的事。而如果这样的事发生在了你身上,你就可能得返还部分或全部预付款了。

布莱克斯莉是科学报道领域一名杰出的新闻记者,该领域的开山泰斗是她的祖父霍华德·布莱克斯莉(Howard Blakeslee)和她的父亲奥尔顿·布莱克斯利(Alton Blakeslee),由她的儿子马修·布莱克斯利(Matthew Blakeslee)所继承。"科学家需要知道的是过去我

---

① 私人交流。

父亲常常称之为'读者是空白的'这一原则，"她说，"他的意思是读者
对于研究者认为理所当然的知识却是一片空白，如果你期待每个人
都知道 DNA 的甲基化反应是什么的话——好吧，即使没有人知道
DNA 的甲基化反应是什么，但他们也可以在科普作家的帮助下理
解它。"

销售你的书

一旦你的书已经成型，那么就是时候去推销它了。你（或是你的
代理人）可能不得不去叨扰你的出版商来寻求帮助——既可以买下
书店好的展区，也可以支持你到全国各地参加诸如图书展览会、收音
机节目、电视节目、新书签售会等活动。

你也可以自己去推销你的书，现如今，有很多种做这种事的方
式。一位同事的书成为了一本畅销书的部分原因可能就是他在某个
访谈网站或者某个在线节目上提到了他的书，如果你参加了某个邮
件论坛或者讨论小组，让参与者们都知道你的书，不要羞于通过电子
邮件来让你的家庭成员、朋友、博学的合作者——任何你可以想到的
人——知道你的书，同时你可以在你的邮件签名上提到你的书，这样
所有那些收到你的邮件的人就都会知道你的书。

如果你有博客或者网站，那么就明显有（更多的）销售场所了，但
如果你的网站上有很多家庭照片、田野日志等诸如此类的东西，那么
你就要考虑为你的书新建一个独立的网页了。同时，查看一下你的
出版商的网站以及那些销售书籍的网站，比如亚马逊等，确保你的书
被贴切地描述，在描述旁边有封面图片、样本章节等内容。

主动去参加当地的公众事务或者其他一些能够为你提供讨论、
阅读、推销你的书的活动。在我的第一本书出版前，我视一份正式出

版前的样本书为我的"阅读本",我会标出那些我认为特别有趣或者激动人心的段落,当我被邀请去在公众会议上讨论我的书时,我会选择这些段落,你可能也想挑选出这些最有的段落。

让你的出版商随时都能知晓这些事,给公司以足够的通告来确保它可以提供充足的待售的书,比如通过与当地一家书店合作的方式。随时准备为你的读者签名,当你在书店看到你的书时,找到书店经理主动请求去给这些书签名。许多书店喜欢展示"有签名的书籍",人们也喜欢有签名的书——这些书也无法被退回。

许多人包括我对于采取这种王婆卖瓜、自卖自夸的方式感到很不舒服,但除非你做好放弃你的书、放弃这些沉默寡言的书的准备,否则就要去推销。你相信你的计划吗? 那么就去推销它吧。

要去辨别在推销你的书方面什么会起作用比较困难,电视节目会有助于书的推销,但作用并不如人们想象中那么大。奥普拉可以把任何一本书转变成红极一时的畅销书,但即使在《60分钟》或者《今日秀》(这样的节目上)有任何的曝光也可能是无益的。许多人说最好的推销地点是国家公众电台(National Public Radio),这倒并不是因为它的听众非常多——而这的确让人印象深刻而且还在增长——而是因为国家公众电台的听众真的会去买书。

个人出版的发展,尤其是那些按需出版的线上公司,正在以一种我们可见的方式改变着印书行业,但尽管如此,个人出版的作家们也意识到如今很难让那些书本评论家或者电台节目、电视节目人更加关注个人出版的书籍了。

尽管说了这么多,我仍然认为众多研究者非但没有著书向大众介绍他们的研究成果,就连介绍自己也未曾有过,这是件很让人失望的事,我一直把科学和工程研究视为一种追求——迎接技术挑战,并进而用若干年时间去攻克它,我觉得这样的进取心很浪漫,而讲述关于这份工作的故事可以成为吸引普通人关注科学工作的一种方式。

正如乔治娜·费里(Georgina Ferry)在她发表在《自然》杂志上的一篇论文里所讲的那样,科学传记是引导读者对于科学家的文化重要性有更深入体会的一种方式,但很少有科学家进行了这样的写作。① 费里,作为诺贝尔奖得主化学家马克斯·佩鲁茨(Max Perutz)的传记作者,争论说科学家对传记或者自传的不情愿态度造成了外界和科研圈之间的"鸿沟"。

"科学家使用着只有其他科学家们才能读懂的语言、在只有其他科学家们才能看得到的地方发表着他们的作品。"费里写道。他们声称为自己做传只会引来研究伙伴的嘲笑(最先出现在沃特森的书《双螺旋》),其他人则认为叙述科学竞争和科学品质的故事无异于一堆废话。费里写道:"一些人争论称人们对于科学的进步是漠不关心的;(人们以为)任何人都可以发现双螺旋而只有达·芬奇(Leonardo da Vinci)能够画出蒙娜丽莎。"②

但同时,费里指出,科学研究是"真实的人"带着真实的、人的特性所进行的研究。"讲述科学家的故事可以转变人们对于科学家的刻板印象为生动鲜明的人的形象。"她写道。一本可信的传记或自传陈述了科学研究中的合作与竞争、困难与成功、来自家庭的压力和支持,等等。

这里有人们喜欢阅读的故事类型,如果做得好的话,它们可以教育人们明白从事科学研究意味着什么。正如费里所说,这将是无比

① Georgina Ferry, "A Scientist's Life for Me," *Nature* 16 (October 2008): 871.
② Georgina Ferry, "A Scientist's Life for Me," *Nature* 16 (October 2008): 871.

宏伟的(一个计划)——当科学共同体能够承认讲述这些故事仅仅是
"由科学家以个人身份示人的意愿和他们的同事支持他们这样做的
意愿所决定的"。[①]

　　写一本书,负责它的出版,然后推销它是一件艰巨而又让人沮丧
的事,但它的回报也是巨大的。你的书就在那里,如果它保持着印刷
状态,那么它将在那里存在很长的一段时间,它甚至会在图书馆以及
二手书摊存在更长时间,到那时它也会比曾经更加具有实用价值。
如果幸运的话,你的书会成为一本有用的指导手册,引导着你的读者
更好地理解(这个世界)或采取更好的行动。

---

① Georgina Ferry, "A Scientist's Life for Me," *Nature* 16 (October 2008): 871.

第 13 章　在证人席上

当社会健全的标准变得越来越依赖于复杂的科技,我们发现科技也就越来越成为重要的法律性问题。这是最高法院法官史蒂夫·布雷耶(Stephen Breyer)在通用电气公司诉乔伊纳案(General Electric Co. v. Joiner)中写道的结论,案例涉及专家证词的可采性。[①]这些和科技有关的例子就在我们身边:微波辐射、汞疫苗、石棉爆炸,以及从濒危物种到气候变化的一系列环境问题——这些话题总会有规律地出现在国家法庭上。

但是在法庭上的科学问题是很折磨人的问题。很多人认为法律对于处理科技问题没什么帮助。更糟糕的是,他们相信法律和科学研究将永远不会相融合,因为理论上,它们都在搜寻真相,它们却用完全不同的方式搜寻真相。

科学是没有尽头地寻找解释,在这个解释过程中,疑问永远存在,而答案都是暂时的——由于随时可能被新发现推翻而暂时性成立。科学家和工程师始于发现问题,终于寻找答案。他们搜集他们能找到的所有信息,然后得出结论。对于他们而言,忽略不符合他们假设的发现是不道德的。

---

① *General Electric Co. v. Joiner*, 522 U.S. 136(1997).

与之相反,法律有一个前提,在争论中,学习真相最好的方式是在每一边都提出最有力的论据作为证词。一方律师一开始就知道自己渴望得到的结果并努力寻找支持的证据和论据。他们不需要找对他们案件不利的证据,那是另一方的工作。

在美国科学基金会作为专题把科技证据报道出来的时候,科学前沿一直在改变,有时候进展非常快。[①] 与此同时,合法的科学性或技术性差异可能会有碍对新兴科学的态度达成共识。一些问题本来就是不确定的。就像美国科学基金会在报告中提到的那样:"很多现象因其固有的随机性而无法不用概率术语描述。"我们的法律系统不是被设计用来处理那些不确定的问题的。[②]

除此以外,法庭仅仅处理被诉讼的案件,证词中没有介绍的信息,可能被当作不存在。如果证词中没有矛盾,那么它直接成立。

当然,事实上,两种事实的判断标准——法官或陪审团将主观判断的"证据优势"给予原告或被告中的一方,与事实判断的另一种标准——科研人员的"统计数据"标准不一样。

但在某些方面,科研人员在法庭上享有特权。大多数时候,例如审判中的证人,只能通过他们亲自看到、听到、品尝到或以其他方式经历的事情提供证词,相比之下,作为专家证人的科学家或工程师会被带进来协助法官或陪审团——法律用语叫做"事实审理者"——对事实进行解释。所以他们有其他证人不享有的活动余地。他们可以推测、提出意见,等等。

---

① National Science Foundation, *Biology and Law: Challenges of Adjudicating Competing Claims in a Democracy* (Arlington, VA: National Science Foundation, 1995),10ff.

② National Science Foundation, *Biology and Law: Challenges of Adjudicating Competing Claims in a Democracy* (Arlington, VA: National Science Foundation, 1995), 11.

谁应该被允许穿上专家的长袍,以及该人被允许提供什么样的证词？这些问题很重要,因为在许多情况下,专家的技术性证词可以完成或者打破已有的案件的结果。例如,如果问题是制药公司是否对药物的副作用或购物中心是否应该为湿地退化负责,那么与药物是如何在体内运作的证词或者停车场的设计是如何影响地表径流有关的证词会决定诉讼案件的输赢。

法官和陪审团往往面临着科学尚不清楚的问题。事实上,通常的情况是问题在进入法庭之前并没有吸引太多的研究火力。这就是在乳房植入物、二恶英污染等问题的诉讼案件中发生的问题。

虽然科学知识迅速发展,但将研究的科学或技术差异立法不能达成共识。一些问题本质上是不确定的。我们的法律制度不是为了解决这种不确定性。

近年来,技术证据的可接受性指南已经演变。多年来,这一证据要求被科学或技术界"普遍接受",这是联邦法院于 1923 年在弗赖伊诉美国案(Frye · v. United States)上公布的一个标准,那是一个涉及谎言检测器检测结果的可接受性的案件。[1]

虽然法院指出,很难说"当一个科学原理或发现介于实验与可证实阶段时,其可靠性是难以界定的",但它就认为测谎技术尚未得到广泛接受,并禁止法庭采纳。

但在 1973 年,美国国会编纂了新的联邦证据规则。根据这些规定,不仅可秉纳的证据的范围扩大了,而且"科学、技术或其他专业知识三位一体"将协助事实审理者来确定有争议的事实,以及证人有资

---

[1] *Frye v. U.S.*, 54 App. D.C. 46,293 F 1013 No. 3968.

格凭借知识、培训或专业知识在这个问题上发言。① 换句话说,重点从证言的质量转移到证人的素质。

这个标准的批评者表示,它将大量的垃圾或边缘科学带入了国家法庭,因为陪审团无法区别拥有良好(或看起来良好)文凭的证人到底是真的拥有可靠的科学、技术证据还是仅仅看上去受人尊敬而已。

乳房植入物案件提供了一个很好的例子。尽管从来没有任何令人信服的流行病学证据表明植入物引起全身性疾病,但妇女提起诉讼,认为她们从"不适"到多发性硬化症都应归结于乳房植入物。当专家小组在几年之后介入调查时,种植体制造商已经停业,原告人已经集体赢得了数十亿美元。小组发现,虽然植入物可能会渗漏或产生局部瘢痕,但系统性疾病的控告太过牵强。②

在另一方面,为人们寻求损害赔偿的辩护律师认为,可以快速地给不喜欢的一切产业贴上"垃圾科学"的标签。

最后,在 1993 年,最高法院详细地阐述了就止吐药物 Bendectin 导致出生缺陷的案件中谈到了证据可采性问题。[其实事实不是这样的,陪审团的裁决导致药物的制造者,梅里尔·道(Merrell Dow)将其从市场上移除。)]在道伯特诉梅雷尔·道制药案中,法院认为法官有责任和能力评估提出的证词是否在科学层面是可靠和相关的。法院提供给法官这样做的一些准则,比如考虑是否有问题的理论或技术已经通过测试,或者可以被检验[这个决策实际上是援引于卡

---

① Cynthia Crossen, *Tainted Truth: The Manipulation of Fact in America* (New York: Touchstone, 1996),196.

② Gina Kolata, "Panel Confirms No Major Illness Tied to Implants," *New York Times*, June 21,1999, A1.

尔·波佩尔(Karl Popper),他认为一个科学的理念是可以在现实世界中被检验的];无论是理论还是技术已经在科学文献中被报道了,受到同行的评议;以及是否有标准的错误率。[①]

在乔伊纳案1997年的随后判决中,法院指出,结论和方法有着千丝万缕的关联。因此,根据这项判决,"法院可以得出结论,仅仅是数据和提出的意见之间过大的分析差距。"[②]

这个意见,虽然是合理的,但是仍然有很多法官担心。很少有法官曾接受过有关科学的高级培训或任何培训。他们将如何对哪怕是有关初级科学的案件做出决定?

一群法官自发组织了一场专家讲授有关DNA鉴定的会议。联邦司法部门也有对法官的培训课程计划。有时,法院指定科学专家评估原被告双方的意见,比如在乳房植入物案中,法官最终让专家检查出了四点现有的证据:流行病学、免疫学、风湿病学和毒理学。专家们又做出了植入物和全身性疾病之间没有联系的报告。该法官已经认命了一组6个专业人士组成的小组去选择专家。

一些同意这些观点的人提出建立特殊的科学法庭,在那里质疑科学证据的问题可以被排除,但是,哈佛大学法律学者和科学史学者希拉·贾萨诺夫(Sheila Jasanoff)认为,美国律师不喜欢这个法院的专业科学见证者的主意,因为他们担心专家作证将会超过法官和陪审团的权利。[③]许多律师也反对这个想法,实际上,就是把由他们控制的案件转移到由专家控制上。

在任何情况下,没有到现在为止可以废除在证人席上设置科学

---

① *Daubert v. Merrell Dow Pharmaceuticals*, 509 U.S. 579(1993).

② *General Electric Co. v. Joiner*.

③ 私人交流。

家和工程师的需要。如果你被要求成为其中一员，你必须认真地考虑一下。

一方面，同意在一个案件中为一方作证势必引发另一方潜在的不愉快的审查，佛罗里达州立大学的生物学家罗伯特·J·利文斯顿(Robert J. Livingston)的证词曾在最后的判决中发挥了很大的作用，他描述自己的经历为，"很多和你敌对的人努力要把你钉在墙上"。[1]

在《玷污的真理》(*Tainted Truth*)中，辛西娅·克罗森(Cynthia Crossen)将证人席描述为"名誉的屠宰场"。[2]

如果你确实同意作为专家证人，你就要冒着尴尬甚至(理论上讲)伪证控诉的风险，如果你因为任何原因要改变你的证词。而在我知道的至少一个情况下，沿海地质学家因作证俄勒冈州海岸由于峭壁存在下降风险而不适宜建造公寓而被起诉。诉讼最终失败了，但它引起了科学家很多不安和不便。(该公寓的批准和建设已经开始，但正如在科学家预测的一样，峭壁很快在其下方下跌，该项目永远不会完成。)

这种法律行为是"反对公众参与的策略性诉讼"——通常被叫做"SLAPP诉讼"。证人不能因为他们在证席上说的话被起诉，但意图作证的科学家、工程师或其他人可能会在法庭以外被追踪他们说的每句话，并被起诉他们诽谤或其他侵权行为。

正如俄勒冈州案中，SLAPP案件通常会失败，至少在法庭上是这样的。但由于为一个SLAPP案件辩护需要时间、精力和金钱，所以通过起诉来让证人收声。此外，这也可延缓潜在问题的解决，直到

---

[1] Robert Livingston, speaking at a meeting of Pew Marine Fellows, Blaine, WA, October 16-19,2003.

[2] Crossen, *Tainted Truth*, 199.

SLAPP 诉讼已经处理好才能继续。

一些国家正在采取行动以阻止或减少 SLAPP 诉讼的影响。根据宪法第一修正案项目，加州在 1993 年改变了民事诉讼的法条，要求法官驳回 SLAPP 诉讼；除非原告可以证明一个"胜利的概率"。如果他不能，他必须支付他的诉讼对象的辩护成本。

你可以通过这在一定程度上确保你说的一切是绝对准确的，来保护自己。准备好做研究、报告等来支持你的观点。但是，由于这种诉讼的启动不是基于美德，而是作为恐吓战术，实质性问题可能不是重点。

如果你被提起诉讼，要迅速向律师征求建议。请注意，你必须在有限的时间内回复诉讼，所以不要拖延。如果你有房屋保险，问问你的经纪人或承保公司，一旦你被诉讼了，房屋保险是否会给你提供一些保险范围。①

因此，现在假设你在证人席上，受到讨厌的盘问，甚至被起诉。而且你的同事甚至可能指责你在作秀。何必呢？

好了，我的第一个答案是因为我们其余的人都要依靠你的专业知识。但还有另外一个原因。虽然学术刊物的意义很大，但还是没有多少人阅读学术文献。你的学术信息可能需要很长的时间用有效手段来渗透到世界上。相反，法院站在你这边作出判决，信息将会立即更新。成功的诉讼可以比几十个学术刊物更多、更快地传播你的信息。

在法庭上作证仍然是对时间和精力很大的承诺。如果你对案子和你的律师没有信心，那么你决不要去作证。然后问自己是否是作

---

① 第一修正案项目是一个非盈利性辩护组织，信息可参见其网址：www.thefirstamendment.com.

证的最佳人选。如果答案是否定的,那么就拒绝这份殊荣吧。无论如何,告知你的律师你专业上的缺陷或者其他你的对手可能拿来怀疑你的证词的问题。

如果你被付钱来作证,要考虑是否利益冲突对于你是个问题——是否你个人有什么利益与诉讼结果有关。这可能使你的见证无效。

还要考虑作为其中一方的专家证人可能会在未来引起利益冲突问题。例如,彼得·谢利(Peter Shelley),一个曾经参与过波士顿港涉及污染案件的律师,他说很难找到一个最终会作证的专家证人,因为他们都希望在海港清理工作中获得报酬。[1]

预料对方将会使用什么数据来打这场官司并提前了解如何从根本上反驳。弄清楚如何用清晰易懂又不失技术精确性的语言来让陪审团听懂你的反驳。正如利文斯顿(Livingston)所言:"很多陪审员都厌倦了这个东西。你得放低要求。"[2]这可能吗?是的,总是可能的。但诚实地问问自己,是否你准备好花时间和精力。

你应当作为专家证人获得报酬吗?这要看情况。很多诉讼对于证人留有物质预算,一些司法管辖区中,可以有机会获得重要案件证人科学基金。事实上,一些科研人员已经把法庭证词变成了一个收入颇丰的副业。但是,如果你被认为是一个科技唯利是图者,你的效益就会减少。

假设你已经考虑了所有这些因素,仍然决定作证,接下来会发生什么?在电视和电影中的审判中,证人席中有人经常提出令人惊叹

---

[1] Peter Shelley, speaking at the meeting of Pew Marine Fellows, Blaine, WA, October 16-19,2003.

[2] Livingston, at meeting of Pew Marine Fellows.

的证据,改变了案件的过程。在现实生活中,这样的事情是极不可能的。在现实生活中最重要的审判行为会在案件到达法庭之前出现,如果它确实存在的话。几乎没有意外会突然发生,因为在打官司的时候,每一方都有权知道,在上法庭之前,他们的对手打算找谁作为证人,这些证人将提供什么样的证词,让他们提前收集反驳证词的材料。

双方通过询问对方证人的发现过程来了解对方的证人证言。其结果是,法院诉讼往往会变成一个一次性完成的已经排练过很多次问答的戏剧。在宣誓作证后,另一方的律师会问你一些问题你的问答几乎肯定会被记录,作伪证肯定会被处罚。

意识到如果他们已经准备得很充分,对方律师将已经阅读每一本你曾经写的书、文章或会议论文,并寻找弱点、矛盾或任何会挑战你的可信度的问题。如果这些弱点存在,请确保你的律师了解他们,并讨论将用怎样的证词对付他们。

有一次,在一起起诉《纽约时报》诽谤案中我在法庭上宣誓作证时被提问。我学到了一些宝贵的经验教训。

"在双方律师询问证人的环节,你不会赢得这场官司的,"我们的一个律师乔治·弗里曼(George Freeman)这样告诉我:"但是你可能会输掉这场官司。"弗里曼说,通过说些给对方可用作武器来打败你的话。所以,弗里曼说,在你回答任何一个在证人席上被问及的问题前暂停是很重要的。这将使你能够准确地思考你想要的答案是什么。更重要的是,它会允许你的律师反对,是否有些原因你本不应该回答。

或许,举个例子,也许你会被问到"你什么时候不再殴打你的妻子"这类的问题。你的律师可以保护你免受这种质问,但前提是你允许他有时间介入。

彻头彻尾的欺骗是罕见的，一个与我曾经有过交谈的律师这样说，但是，对于对方律师而言，表现自己的友好和鼓励你变得健谈是平常的。抵制这种冲动。你的存在不是为了交朋友。

抵抗表现知识渊博的强烈欲望。只回答被问到的问题，不要主动提供其他信息。不要认为自己是自己专业领域的少数专家之一，而是想着如何向公众(法官和陪审团)解释专业问题。同时，请注意，你在问询阶段所说的可能是你在审判时所能谈论的一切。在证词中引入其他主题的机会是有限的。如果有一个重要问题没有被提出来，告诉你的律师。

不要让自己被纠缠。如果你不知道问题的答案，或者记不住，就如实说。除非十分确定一个问题，否则不予回答。

如果你不明白一个问题，就说你不明白。不要回答你自以为是对方律师在问的问题。如果你日后回答这个问题，这个问题得到了更充分的解释，但是你的回答和上一次有很大不同，那么你的真实性可能会受到质疑。

别开玩笑。这个小小的建议似乎是不言而喻的，我很惊讶地接受了它。我只能假定，律师们是从惨痛的经验中吸取这个教训的。

你可能会被问到这样的问题："你和别人谈过你要被罢免什么吗?"说实话吧。在准备证词时，或者在这个过程中征求律师的意见，没有什么不道德的。

不要与任何人的律师争论，永远不要和法官争论。

最后，请记住，在实验室应用的标准不同于法庭的标准。在研究中，抛弃令人不舒服的数据在道德上是错误的，但是在法庭中保留这些信息并不被认为是不道德的。以是或否作答的问题在法庭上是公正的。和你的律师一起准备如何回答这些问题。

并不是说律师和你的道德观不同，而是说他们在使用不同的规则。你对此感到不舒服吗？提前问自己这个问题，如果是，就退出。

第14章 政策制定

许多研究者相信即使政治争论与科学问题纠缠在一起,政府官员、管理人员、普通大众还是会做出正确的选择,如果他们知道事实的话。那就是,当人们知研究者所知、想研究者所想时,若政策制定者还是做出了错误的选择,那肯定是因为他们无视了科学技术的重要性。

但事情并不是这样的。

正如纽约国会议员舍伍德·贝勒特(Sherwood Boehlert)在2007年对美国科学促进会所说的那样:"科学对于政策制定会有一定影响,但并不是决定性的。假设科学是要去解决一个争端,而从长期来看,这个关于价值或者金钱的争端只会导致人们混乱的思考和歪曲的辩论,这对科学与技术无疑都是弊大于利的。"[①]换句话说,与技术和科学沾边的政策,就像所有那些政策一样,不过是社会意志与社会价值以政治行为为媒介的示威游行。

国会议员贝勒特,一位共和党人,共和党内部东北部开明人士之一,2007年从众议院退休,而过去他负责在众议院主持科学委员会

---

① Sherwood Boehlert, remarks at the AAAS Forum on Science and Technology Policy, Washington, DC, May 3,2007.

工作。如果科学家希望在政策制定方面能够更加高效的话,那么他们应该借鉴他的智慧。

有时候,价值观的问题很明显,例如,你对于与胚胎干细胞或者胎儿器官有关的研究的观点可能依赖于你怎么看待胚胎的伦理地位。而有时候价值观又不那么明显,气候变化问题可以被视为是一个价值观问题,因为它与对这一代人是否有权利留给下一代人一个衰退的地球的思考有关。

但通常政策制定者们不想直面这些关键的价值观问题,所以他们会用对科学与技术的不确定性的争论来打掩护。他们不会直接说人类胚胎细胞的破坏在伦理上总是错的或者短期的经济增长远比长期的生态健康重要得多,他们会说利用胚胎干细胞或者成人干细胞什么都做不了或者是没有让人信服的证据可以说明人类行动会对大气层有不利影响。

在这种争论中,科学和技术似乎是强有力的武器——不仅是因为它们可以回答这些问题,而且是因为它们的可信度。在一个接一个的调查中,美国人总是把科学家列为他们最为尊重的职业之一。正如贝勒特所说:"在我们这个高度分化的政治环境里,把你的立场描述为唯科学至上可能是唯一仅存的方式,来让自己更纯粹、更加让人信服,比你的争论者更能保持冷静。"①

贝勒特在美国科学促进会的演讲中提到了他最喜欢用的例子之一——1997年关于提高与地面臭氧有关的空气净化标准的克林顿行政议案。贝勒特支持这个举动,他在演讲中回忆道,地面臭氧浓度

---

① Sherwood Boehlert, remarks at the AAAS Forum on Science and Technology Policy, Washington, DC, May 3,2007.

的提高会不可逆转地增加医院费入院情况用，这是"相当清楚明白的"，但问题在于增加的底线在哪里？额外增加多少病人是医院可以接受的？

"这是一个简单、直接而又让人心生恐惧的问题，没有人愿意靠近它，"贝勒特回忆道。所以这个争论最后演变成了对于哪一种关于臭氧的决定更加具有"科学性"的讨论。当然诸如这件事情是不存在的。

曾经有一个时期政府的科学队伍加入了讨论。在第二次世界大战后的几年里，许多人相信，科学和工程通过雷达和原子弹在政府占有了一席之地。1957 年人造地球卫星的成功发射和随之而来的军备竞赛都提高了这一赌注。

然而在冷战结束后的那几年里，科学家的影响却消减了。科学与技术决策部门——为总统提供科学咨询——的重要性在乔治·W·布什政府中有所降低（在这方面科研人员对于奥巴马政府抱有很高的期望）。在 1998 年的"共和党改革"之后，国会废除了科学评估部门这一曾经备受喜爱的国会部门。尽管白宫仍然有它的科学委员会，但更重要的是，科学委员会在参议院中不再有直接的对应部门了。

这就让国会只能依赖于国会研究服务与广受尊敬的美国科学院的成员，前者是可以为国会提供信息的智库，而后者在所要求的信息与报告的成型之间用为期 6 个月的时间写成报告，而这已经被认为是非常快了。同时，美国科学院的研究部门——美国研究委员会，指定一个专家咨询组，还得经常为他们的报告所受到的缺乏力量等舆论努力辩解。

此外，因为官员几乎不会支持任何事即使是很有价值的事情，这就会给一个有权利的选民造成很大的困扰,他们可能无意识地接收了很多阻碍他们进行选择的信息,而他们最终还是要做出选择。政治家们也意识到如果人们常规性地列举这些技术为本的问题——例如环境保护——事实上这是他们很关心的问题,他们就几乎不会把科学事宜转变为"投票事宜"。这就是为什么人们,如美国亚利桑那州大学科学、政策和结果联盟的主任丹尼尔·萨雷维茨(Daniel Sarewitz)称政策制定是"一种不健康的动态",科研人员应当避开。[①]

一次又一次,科学家告诉我实际上他们担心他们的观点会提供有损科学客观性的信息,他们中的许多人不屑在管理机构工作的科学家,正如曾经一位海岸工程师告诉我的那样,"规章制度都是差等生的报复"。

正如丹尼尔·格林伯格(Daniel Greenberg)在他的书《科学、金钱和政策》里所说:"结果就是如今科学家大量地从美国政策和公共事务中失去参与权。"他补充说,"在各个层面的政府中,被选拔出来的官员受到先进科学训练的人竟是如此之少"。[②]

不论他们受到了何种压力,当政策制定者必须着手于技术相关决策时,他们至少应该能得知最全最好的信息,而这些信息只能来自科学家和工程师。正如贝勒特对美国科学促进会的听众所说的话:"科学家应该积极甚至热心地参与政策争论,事实上,不论是作为受过教育的公民,还是作为相关领域的教授——更不用说是作为公共支持的受益人——科学家都有义务去为政策制定出谋划策——对社

[①] Daniel Sarewitz, "Liberating Science from Politics," *American Scientist* 94 (March-April 2006): 104.

[②] Daniel Greenberg, *Science,Money,and Politics:Political Triumph and Ethical Erosion* (Chicago: University of Chicago Press,2001),5.

区,对他们所在的州,对国家,甚至对于整个世界。"①

但正如杰出的宇宙学家和天体物理学家马丁·里斯(Martin Rees)在《纽约书评》(*New York Review of Books*)上的一篇论文里所说:"政策决定——无论是关于能源、转基因技术、精神增强药物,还是其他任何事物——都绝不是单一科学性的:谋略、经济、社会、种族因素都要被考虑,科学家没有任何特权。"②

科学家不应该对他们在这广阔世间里的思想命运漠不关心,里斯说。他们应该促进它们的良性使用和运转,遏制不良使用。"同时他们也应该随时准备好参与公众争论和讨论。"③

正当的主张

但哪种行为是正当的呢? 科研人员应该为了所谓的"事实"去约束他们自己或是科学家吗? 他们应该进行政策建议或者去主张某一特定的政策吗? 几乎没有确定的专业标准。

几乎没有人质疑增长研究经费的主张,但布什政府提议限制人们进入环境保护机构的图书馆时,那些反对这样做并最终成功了的科研人员被赞扬,但当人工心脏的发明者、医学博士罗伯特·亚尔维克(Robert Jarvik)为支持降低胆固醇的药立普妥出现在电视商业广告中时,他却遭受了众多的批评,而部分原因竟是因为他不是心脏病学专家或者执业医师。

---

① Boehlert, AAAS Forum on Science and Technology Policy.

② Martin Rees, "Science: The Coming Century," *New York Review of Books*, November 20, 2008,42.

③ Martin Rees, "Science: The Coming Century," *New York Review of Books*, November 20, 2008,42.

你可能认为这些主张的例子——要么从事业角度为研究出声，要么拿钱去宣扬某种科学主张或者产品——是同一件事的两个极端，在中间兴许有许多选择，但拿钱去支持某种产品真的那么让人无法接受吗？健康研究员报告称自美国主导对伊拉克的入侵之后，伊拉克公民死亡率急剧上升，这是否也是一种主张呢？如果他们在大选之前公布这个结果又会怎样呢？

很难回答这些问题，因为科学家们对参与公共事务长期处于迟疑不决的状态，这总体上已经造成了清晰明确的指南的缺失——关于科学家应如何在公共舞台上进行演出，而已有的指南也不为人们所知、所讨论、所强有力地执行。所以我很犹豫，不知道是不是应该建议你们与机构中的高层成员或其他幕后操纵者进行讨论，我担心他们只会教导你闭嘴、夹住尾巴做人，所以让我较为满意的做法是提供一些建议，这些建议是那些积极参与的科学家对他们的同事提出的建议。

一个被许多科研机构和工程机构所采纳的不会招致反对的做法是，就公众争论的话题发出正式声明，例如在 2008 年，美国科学院发行了一本指出进化论是现代科学和医学的开山鼻祖的书，同时指出并没有可信的证据来挑战进化论，进化论也并不暗指反对宗教。《自然》杂志在一篇社论中用"三声欢呼"来迎接这本书，并敦促科研人员把它"传播到全世界"。①

另一个例子是 2007 年 12 月美国地球物理联合会发表的两项声明，一项声明是对曾经的声明的回顾，即强调进化论和地球历史教育作为"科学的基石"的重要性；另一项声明事实上是对国际禁止核试

---

① Editorial, "Spread the Word," Nature 451 (January 10,2008).

验条约的支持----声明称一个对此进行隐瞒的国家是不可能让核武器试验不被察觉地进行的。[1]

专业的科学组织亮明立场，这是很棒的事，我希望越来越多的人可以更频繁地这样做。例如，当一位微生物学家咨询我，若他的团队在网站上发表关于鞭毛虫近似真实的进化历程，这是否对常年掩人耳目的神创论的（遏制）有所帮助，我当然会说是。由专业团体发表的声明可以为那些与社会上无知的力量进行搏斗的人们提供强有力的支持。

但声明也只能走到这么远。

《自然》杂志在它的社论中赞扬了美国科学院的书，但同时也说科学团队只是表明立场还远远不够，他们应该"抓住每个机会去宣传它"。

两位地球科学家，蒂莫西·狄克逊（Timothy Dixon）和罗伊·多卡（Roy Dokka），在美国地球化学联合周刊 Eos 上发表的一篇论文里提出了一个相似的有着不同寻常作用的观点，他们的题目就指出了这一点："地球科学家和公共政策：我们让新奥尔良人失望了吗？"很明显在卡特里娜之前这座城市处于极度的危机之中，他们写道："这个区域是一个三角洲，它地势很低，而且在变得更低；洪水会再度来袭；海拔最低的地方是最危险的；堤坝必须被定期加固来应对沉淀、海平面上升和未来的暴风雨，为什么地球科学家不能去传达这一简单的信息呢？"[2]

---

[1] Kate von Holle, "AGU Position Statements: Evolution and Nuclear-Test-Ban Treaty," *Eos* 89, no.3 (January 15,2008): 24.

[2] Timothy H. Dixon and Roy K. Dokka, "Earth Scientists and Public Policy: Have We Failed New Orleans?" *Eos* 89, no.10 (March 4,2008): 96.

他们用一种适用于很多学科的科学家的方法回答了这一问题，当地球科学家被要求做出政策建议时，他们会说，"我们更倾向于与我们的同伴而不是公众交流"———一种谨慎、充满了行话与警告的语言。"显然，作为常识的声明会被避免，"他们补充说，"而且，公共政策声明更多是来自委员会，而在这些地方真理则会让位于舆论。"①

"不去提供一幅关于海拔有多低、永不停息的沉积、沉积物匮乏为沿海洪灾打下的伏笔的图景，"狄克逊和多卡写道，"地球科学委员会却去强调问题的复杂性和科学家之间的争论。"

退一步来说，科学家这种说话的犹豫也让政策制定者无比沮丧。

与政治家交谈

所以假定你接受了公民的挑战，决定把话说得更明白一点，这里有一些经过实战检验的提示。我拿国会做例子，但我的建议也（或多或少）不限于此。通过与官员的交谈以及对那些成功游说他们的人的观察，我进行了归纳分析。我认为它适用于所有的政治圈。

你必须将专家的观点、你个人的观点、你所在机构的观点区分清楚，并且你应该对你的听众说实话。如果有一个深刻的、合理的观点与你的观点有分歧，那么去承认这件事，这种坦白会保护你的信用，并最终增强你的可信度。并不是说一个人必须得是进化生物学家才能去主张进行关于进化论的教育，但如果你在为海洋鲑鱼养殖标准提供政策建议，举例来说，如果你能从学术与经验的角度来说，那就再好不过了。

避免个人利益，否则你的信用会变得岌岌可危。记住，无论怎

---

① Timothy H. Dixon and Roy K. Dokka, "Earth Scientists and Public Policy: Have We Failed New Orleans?" Eos 89, no.10 (March 4,2008): 96.

样,你都有可能面对无法将个人利益与你的主张相分离的情形,例如,你是一位干细胞研究者,你对干细胞研究进行融资的主张就会与你的个人财富直接挂钩。

"你不得不去激起你的听众的兴趣,"国会议员贝勒特在2006年《科学》杂志的一次采访中说,"纯粹从科学的角度谈论这些伟大的突破并不够,它对促进经济发展、增强竞争或者增加就业机会有何帮助?"[①]

"我们没有时间去学习教课书,"贝勒特补充说,"他们需要正中要点:这也是为什么它是如此重要。有很多相互竞争的利益,我们得说明白为什么我们会将某些利益置顶,它对社会意味着什么。"并不是所有人都对这样的谈话有着自然的本能,擅长这样做的人应该培训他的同事。[②]

为了把你想传达的信息表达清楚,你可以采纳以下的步骤:

首先找到一个好的介绍人。如果你认识一个支持你的人——且你需要交谈的那位官员会考虑他的意见——请那个人为你说些话。

对你想与之交谈的官员了解得越多越好——包括他的政治权力、他管辖的区域以及该区域让人不安的因素。对于国会议员,《美国政治年鉴》(*Almanac of American Politics*)是一个很好的资源。若你所在的机构有一位职员与政府工作有关,或许

---

① "Sherwood Boehlert Interview: Explaining Science to Power: Make It Simple, Make It Pay," *Science* 24 (November 2006): 1228.

② "Sherwood Boehlert Interview: Explaining Science to Power: Make It Simple, Make It Pay," *Science* 24 (November 2006): 1228.

他可以帮助你,或者你可以去查阅当地的报纸文档资料。这个公共部门有职工吗?查清楚谁是里面的职工,他们处理的是什么事,你可以接近谁。

用专业的方式呈现你的观点,无论是通过电子邮件、信,还是本人。你的穿着、礼貌、语言等都应该合你的听众的心意。正如英属哥伦比亚大学专业生物学家协会的琳达·迈克拉克(Linda Michaluk)在 2008 年美国科学促进会大会上所说的那样:"有时候,穿着西装的人们需要看到同样穿西装的人才能继续听下去。"同时,米其林教授说,"当我穿着黑色小礼裙和轻便舞鞋,在'愤怒的老奶奶'(Raging Grannies)社会活动上讲话,这不会奏效。"[1]

每个人都讨厌被人低人一等地对待,但公职官员尤其不喜欢。当你草拟了一封信或者电子邮件,计划打电话或者拜访时,先把信息让你的朋友或者同事检查一下,看你是否表现出了傲慢,以便及时提醒你。

如果你和一位政策制定者或者政治家有约,记得准时到。但请注意对方可能会迟到,并不必然是因为对方欠考虑,而可能是因为委员会会议出现了意外因素或者全员选举等。考虑在国会职工工作的区域或者州见面(尽管负责问题导向事宜的职工更有可能在华盛顿工作)。

让你的信息简单、有重点、简短。要提供信息,但把你的观点表达清楚就够了。

鼓励提问,如果有人问了你无法回答的问题,不要隐瞒,请

---

[1] Linda Michaluk, remarks at the AAAS Forum on Science and Technology Policy, Washington, DC, May 2008.

在合适的时候说"我不知道"并在事后主动提供对方需要的信息。但正如谚语所说，不要开空头支票。如果你承诺去提供额外的信息、备忘录或者类似的东西，请尽快准备好它们。

思考一下做宣传的最好时机是什么。你不想过早地去谈，那时事情还未在官员头脑里留下深刻印象，你也不想等太长时间，以免事情发展太快来不及修正。例如，尽管理论上一旦信息传到白宫或者参议院，甚至传到白宫-参议院会议的委员会就有可能修改立法，但如果你能在当一个议案正在被修改时——例如在听证会上——去传达你的信息，那会更容易些。

注意不要夸大你想传达的信息的重要性或者确定性，对不确定性、数据的不准确性、记录上空白的点等诚实一点，不要强调那些有可能站不住脚的理论或者发现，另一方面也不要削弱你的报告。

相当重要的一点建议：不要成为只会找问题的人，准备好一个可能的对策，但那如果让你很难为的话，那就准备好一些可以应对问题的方法，并描述它们的优点与劣势。讲清楚你描述的这一措施会如何影响处于争论中的事件，表明你会帮助政策制定者，而不是把他的工作搞得复杂、不好过。

在会议之后，记得感谢官员抽出时间，最好手写，也许可以简短地回顾一下你们的讨论，写上你提供的额外信息。记住这只是道一声谢，这并不是一个重申不满或者重提分歧的机会。

邀请那些官员参加当地科学社团的会议或者去参观你的实验室、当地正在使用你的技术的工厂，同样也去邀请政治家的下属。

这就是弗农·J·埃勒斯(Vernon J. Ehlers)在 20 世纪 70 年代所做的事，那时候他在密歇根州大急流城加尔文学院教授物理。在见到国会议员杰拉尔德·R·福特(Gerald R. Ford)后他说:"我想,好吧,我会寄封信给他,为他提供帮助。"[①]埃勒斯组织了一个科学家委员会,他们可以与福特一起去探讨政策问题的科学性,而让埃勒斯惊喜的是,福特对这个建议很高兴,埃勒斯最终组织了一些当地的科学家,一些是共和党,一些是民主党,他们一年与福特见三四次面,通常是在某一科学或技术事宜需要紧急处理的时候。

这份工作对于埃勒斯,一个共产党人来说有着意想不到的报偿,如今他是作为这个地区的代表——国会里少数几位科学家之一。"福特看似真的很享受这些会议,"国会议员埃勒斯回忆说,"我曾跟他说:'你在开会期间不会看表。'他说:'好吧,我这一整天见到了很多人,你是唯一一个不会向我询问什么,而是为我讲解的人。'"这是一种你需要尽力去经营的友谊。

证据

就在卡特里娜飓风侵袭了墨西哥湾沿岸之后不久,罗比·杨(Rob Young),现在是西卡罗莱纳大学海岸线研究的领头人,邀请我陪同他去查看受损海岸上的桥,《纽约时报》的科学板块记叙了我的所见所闻。

这篇文章的影响就是,杨被邀请去在国会上作证——关于海岸政策的听证会。这种事情可以转变成政治剧,也可以成为得到重要信息的可贵机会,它的意义不仅仅在于听证会,更在于为那些被强有力的法律所采纳的专家证词。如果你被邀请去在国会委员会上作听证,或是出席城镇委员会的会议,那么你就被给予了做正确的事的机会,你可

① 私人交流。

以在远比专业会议或者科学杂志可能更有影响力的场所阐明你的思想。

所以你应该接受这样的邀请：

提前咨询那些组织听证会或者报告会的工作人员，搞清楚它的意图是否是将信息呈现给公众，告知委员会成员，挑战普遍的意识形态，或者事实上通过引起公众的关注来强迫立法者直面这些事宜。

去了解其他的听证人是谁，以及你的证据是否与他们的证据相契合。（很罕见的是，有些证人被邀请去扮演替罪羊的角色——牺牲在听证桌前，你可以通过提前仔细了解听证会的背景来避免这样的命运。）

满足行政官员的要求。例如，准备好在指定的时间内发言而不是其他时间。（以我的经验，8 分钟大概能讲 1 000 个单词，测验一下你需要多长时间，然后看看你应该怎么做。）至少提前 30 分钟到达听证室，至少提前 40 分钟提交你写好的证据，除非在特殊情形下。通常作证人被允许提供大量的手写证据——如果你也这样做的话，请准备好一份简明扼要的总结。

为那些外行人着想，简明扼要地写上总结，使用一些简单的例子，如果你不得不讨论这些数据，看看你能不能提供一些图表，这不仅仅是针对那些手写证据，更是那些大量地在听证室里被使用的证据。威廉·韦尔斯在他的书《在国会工作》中建议把这个过程看做是以你为主角的戏剧，[①]去吸引所有观众听你

---

① William G. Wells, Jr., *Working with Congress: A Practical Guide for Scientists and Engineers*, 2nd ed. (Washington, DC: AAAS, 1996).

讲话！

如果你的证据与某一正在被考虑的政策有关,请确保你的评论被收纳在"立法报告"中,然后如果有任何机会的话,这些评论会被正式考虑。

之后,通读你的手稿以确保没有出现任何错误,如果你发现了错误的话,尽快去修正它。

最后在听证会结束之后,询问那些邀请你来作证的委员会成员或者采访记者,看看他们怎样评价你的这些证据,你会学到一些东西,而它们会提升你下一次的表现。

另一种传达信息给国会的方式就是公开在美国国会大厦发表陈述,为任何想听你讲的人。例如,在 2006 年,哈佛大学健康与全球环境中心的科学家在参议院成员雷切尔·卢格(Richard Lugar)和奥巴马的支持下,组织了题为"科学如何运转和科学怎样最高效地影响政策"的讲习会,在参议院成员的帮助下,这个中心在美国国会大厦的地下室租到了一间房,还请到了讲师——包括《科学》杂志的编辑唐纳德·肯尼迪(Donald Kennedy)、医学研究所的主席哈维·费伯格(Harvey V. Fineberg)——来讲解科学家是如何进行工作的,如何检验他们的发现,并把这些发现告知给他们的同伴等诸如此类的事。

这次活动的组织者,由健康与全球环境中心的主任埃里克·可维安(Eric Chivian)所领导,说他们被这些持续的争论所鼓舞,这些争论有的是关于进化论教学的,有的是关于许多美国人明显无法辨别一个观点是基于科学还是基于超自然现象的无能。尽管国会只有一些成员前来参加这个讲习会,但这个房间被那些就此事来说可能更为重要的人填满——国会议员。

　　有一些听众是年轻的研究员，他们对有关科学的决策如何被制定很感兴趣。这些研究员作为美国科学促进会奖学金项目的成员在美国国会大厦工作。这个实验项目把科学家和工程师聚集在政府机构和国会办公室进行为期一年的工作。希望科学家们不仅可以对自己在美国国会大厦的同事阐明科研人员应该如何看待世界，而且可以对政策制定的过程有所了解。

　　一个相似的项目可以让科学家出现在诸如《芝加哥讲坛》《洛杉矶时报》《科学美国人》等主流媒体以及国家公共广播中，很多杰出的科学记者都出自该项目，且即使项目参与者对于世界新闻业的涉足是暂时性的，但他们还是传播和获得了有益的知识。

　　国会议员贝勒特在接受《科学》杂志采访时号召科学家和工程师应该提出更多的主张，他说那些质疑他的人可以去看一看竞选国会议员的人中有谁将科研支出和其他科技事宜置于他们的优先项的首位："我打赌你们连一个都找不到，这无疑是科学社团的一大失败。"①

　　在某种程度上，约翰·凯斯（John A. Knauss）为那些有成就感的科学家或者工程师可以为社会做些什么作出了典范。凯斯是第一位把他的名字和海洋气流研究联系在一起的杰出海洋设计师，他也是美国国家海洋和大气管理局（NOAA）的原总负责人，创立了罗得岛大学海洋设计系，也是美国国家海洋和大气管理局海洋拨款项目的发起人。他对于科学家可以如何促成更好的政策产生有着自己的看法，包括对这些促成起关键作用的方法之间的不同。他在1996年关于海洋开发的会议上中提到了一些他的看法。

　　一方面，凯斯说："科学家总是不能提供简单明确的答案；并且我

---

① "Sherwood Boehlert Interview: Explaining Science to Power."

们的结论中几乎都有警告。"他继续说到,但是公众并不需要"科学家在专业杂志上发表的那些依据",而科学家认为这些依据对于采取行动非常重要,一个大概的答案在许多情形下都是合适的。[①]

他引用了很多例子,包括蒙特利尔草案,这是一个关于逐步淘汰氟利昂生产的协议。氟利昂被称是会对地球具有保护作用的臭氧层造成破坏的化学物质,但即使这一法案在 1989 年就已经出台,正如凯斯所说:"造成臭氧层空洞的原因仍然具有不确定性。"

政治举措可以就科学不确定性采取行动,而科学不确定性也可以反过来成为(甚至是被鼓动)阻止政治举措的借口。他说:"例如拿气候变化的例子来说,有可能就与科学家未能将问题的严重性说清楚有关,关于气候变化的科学报告只是到了人们的脑袋里而不是心里。"[②]

当你决定发声的时候,就要为可能的挫折做好准备。例如,英属哥伦比亚大学渔业专家丹尼尔·普利(Daniel Pauly),一直因为他的水产养殖和其他一些工业化捕鱼实践而饱受批评。他说所有的网站都在说明"我是一个彻头彻尾的傻子"。诸如此类的人身攻击很让人受挫,即使你已经习惯了在科学道路上遇到的艰难险阻,即使你确定自己是对的。

毫无疑问作为公众人物,是要付出很大的代价的,但那些发声的科学家不应该受到他所在的科学共同体的惩罚。因为正如普利在 2005 年所说,在他收到国际宇宙奖(International Cosmos Prize)后,

---

① John A. Knauss, "The Politics of Global Warming," remarks prepared for meeting of the Oceanography Society, Seattle, April 1,1996.

② John A. Knauss, "The Politics of Global Warming," remarks prepared for meeting of the Oceanography Society, Seattle, April 1,1996.

那些声称公众参与只会有损科学的客观性的言论，只不过是说客和政治家用来"扭曲我们的工作成果以迎合他们自己目的"的工具。

科学家参与无法与技术客观性和平共存的争论"永远不会出现在医学领域，"普利说，"的确是这样，热情地照顾病人、阻断引起疾病的因素不仅仅是医生的职业规范，更是医生专业伦理的重要的一部分。"①

---

① Daniel Pauly, "An Ethic for Marine Science: Thoughts on Receiving the International Cosmos Prize," remarks at the 13th International Cosmos Prize ceremony, Osaka, October 18,2005.

第 15 章　其他场所

2007 年,我在哈佛研讨班的一位毕业生告诉我他在为一名总统候选人的竞选而奔波劳走。我听后很是开心,倒不是因为他所支持的候选人是最好的,只是因为看到一个从事学术研究的人"染指"政治让我倍感振奋。这种曾经普遍的参与现在越来越少了,这不能不说令人惋惜。当科学家们进入政界时他们一定可以大有作为!

这事发生在 2006 年的俄亥俄州凯斯西储大学(Case Western Reserve University)、俄亥俄州立大学(Ohio State University)和一些其他地方,科学家们为了反对一位在俄亥俄州公立学校的生物课上支持神创论中的智能设计论的教育委员会委员的重选而参与了政界的争论。

首先,科学家们引导自己支持的候选人用合理的科学观点去反驳其他的候选人。当时,这运动的领导人写了一封公开信,呼吁选民们为了科学有效的教育而支持他们所支持的候选人,而最后几乎大学里教职工中所有的科学家都在这封公开信上署了名,同时他们也让当地新闻机构了解了这件事。

他们的候选人就这样不费吹灰之力赢得了选举。

另一个组织"为了美国科学家和工程师"(SEA)致力于在全国范围内呼吁人们支持其候选人,不论之前他们是何党派,他们在意的只是与科学相关问题的正确观念及想法。还有一个叫作"为了改变的科学家和工程师们"（Scientists and Engheers for Change）的组织参与了 2004 年政界的总统竞选。

同时还有另一组科学家创立了一个叫作"保卫科学"（Defend Science）的组织，它反对基督教原教旨主义者不断地就科学家们可以调查研究的问题和科学家们可以提出的解决方案及回答等方面强加限制。原教旨主义者的一系列限制行为包括阻碍干细胞研究，阻碍或者歪曲艾滋病防传染措施已得结论，禁止政府部门的科学家提及诸如全球变暖等术语。[①]"保卫科学"这一组织其中一个分支机构是为科学家服务，另一个分支机构是为学习科学的学生服务。

同时，华盛顿大学（University of Washington）和在西雅图的弗雷德·哈金森癌症研究中心（Fred Hutchinson Cancer Research Center）的学生和博士后们为了增强科学家们和政策制定者之间的联系，开展了科学伦理与政策论坛（Forum on Science Ethics and Policy）。这一项目，并不仅仅致力于将科学普及至普通大众，还"为了那些可能人民大众对其工作的认识有局限性的科学家们的利益"。[②]

并不是每个人都觉得这是一件好事。

在《自然》的社论中就提到了获得诺贝尔奖的一大危险就是人们会试图在各种事情中获得你的帮助，[③]尤其是反对布什科学教育政策的"美国科学家和工程师"，"毫无疑问在布什政府的领导下美国联邦的科学遭受了重创。"编辑这样写道。《自然》杂志也提到科学家们

---

① 参见"The Statement" on the Defend Science Web site, www.defendscience.org.

② Jonathan Knight, "Students Set Up Forum to Debate Hot Topics," Nature 431 (September 23,2004): 390.

③ Editorial, "Nobels in Dubious Causes," Nature 447 (May 24,2007): 354.

因为参与有倾向的活动而面临着"只关注自身利益、一心只想着资助、失去联系"等指责。

事实上,我觉得它的反面是正确的。每到寻找能说明研究者们自我束缚的行为时,这些事实总是在那证明一切。就像斯坦福大学的物理学家、诺贝尔奖获得者、SEA 创立者及董事会成员伯顿·里克特(Burton Richter)在给《自然》杂志社论的回应中写道,SEA 组织的目标在于"使大部分社会大众能够将我们所面临的严重社会问题与有证据基础的科学相联系起来"。他又提到,"我们同样希望能够引起人们对未得到正确评价的科学问题的关注并鼓励人们提供必要的能使问题得以解决的建议——并非沿着党派政治的路线而是顺应科学的逻辑。"[①]

大卫·巴尔的摩(David Baltimore),在 2007 年成为美国科学促进会的主席。随着科学受到持续不断的攻击,大卫在他的竞选词中说道:"科学家在人民大众生活中所发挥的作用从未如此重要。"[②]

即使你不想在政界发挥公共作用,你依旧可以选择在其他领域有所作为。

如果你是一位科学或工程领域的研究生,你可以考虑加入由美国科学促进会负责的奖学金项目——派遣科学家们进入新闻领域或一些政府机关。

诺贝尔物理学奖的获得者、费米国立加速器实验室(Fermi National Accelerator Laboratory or Fermilab)的前负责人利昂·莱德

---

① Correspondence, "Nobel Laureates Know What They're Talking About," *Nature* (July 26, 2007).

② Becky Ham, "Baltimore: Time for Scientists to Take Role in Public Life," *Science* 315 (January 26,2007).

曼(Leon Lederman)提议,对年轻的研究者实行一种"税"——要求他们花费一定时间去帮助高中老师更好地教科学。如果这一税法正式颁布,就没有任何事物(在理论上)阻止人们自愿做这样的事。

如果你在一个学术研究机构,你可以说服同事们更加重视科学、技术和政策重叠等问题。就像希拉·贾萨诺夫在一篇网上材料中这样描述她 2006 年在哈佛大学发表的一系列文学作品,"在研究领域科学、技术和社会的问题获得的关注很少,因为它们既归属于所有人也不归属于任何人。"科学、技术随着社会日新月异的变化产生了被称为"通向新的、有关各种学问的途径"。她写道。

在约翰·霍尔德伦(John Holdren)就职期间的 2007 年美国科学促进会的会议演讲中,他呼吁他的同事"贡献出一些你的专业时间和精力"去为改善人们的生存状况而努力。

你可以组织一个科学咖啡馆(Café Scientifique or science café),在那儿人们可以聚集在一起,喝一杯咖啡,听一段有关于科学或技术的演讲。这一现象最先开始于英国,现在在全球范围内风靡。英国的科学咖啡馆官网宣称:"晚会的开场简单有力。"首先是一段短的对话,通常只有几句话,没有视频或者 PPT 展示,等等。而后就是发言者与听众之间的问答及对话环节。

科学咖啡馆的形式确实有效,原因有以下几点,首先,这样做确实花费不了多少钱。人们只需要支付自己所消费的金额,同时,咖啡馆和餐馆也喜欢招待他们因为总是和一些充满激情的人在一起吃吃喝喝并进行一场有趣的谈话。事实上,它们已太成功以至于在波士顿的美国公众电台教育基地(WGBH Educational Foundation)和科学研究学会 Sigma Xi,都为了促进该运动的发展而创立了一个网站(www. sciencecafes. org)。

　　哈佛医学院(Harvard Medical School)的学生们也组织了类似的活动。一项被叫作"新闻中的科学"(Science in the News)的节目定期就新闻中的话题展开讨论和发表演讲,因其能较深入地探讨一些科学和政策有关的问题而备受人们欢迎。

　　在2008年春天,纽约市举办的世界科学节上展示了一系列以科学为主题的戏剧、演讲、故事剖析和一些事例分析。这次科学节由布莱恩·格林(Brain Greene)组织。布莱恩·格林是哥伦比亚大学(Columbia University)的物理学家,他的妻子特莱西·戴(Tracy Day)是前美国广播公司制片人,负责组织了一周的活动,大部分活动门票都被销售了出去。总的来说,这次活动的组织者和希望类似的活动可以贯穿整年。

　　或者你可以去基于因特网的虚拟"第二人生"(Second Life)的众多科学岛屿组成的"赛思岛"(SciLands)。安东尼·克莱德(Anthony Crider),北卡罗莱纳州(North Carolina)埃隆大学(Elon University)的物理学副教授,把他的学生带到那儿。克莱德是"赛思岛"的创立者之一,他的这个网站致力于科学教育和科学普及。他甚至正在尝试着在他的天文入门课中将环境作为教学工具。

　　在2008年五月的美国科学促进会论坛的一场讲座中,克莱德描述了他发现"第二人生"的经过,这原本是充斥着赌博和性的地方,他因此决定为了"第二人生"做些建设性的革命。[①]

　　由于在埃隆大学没有天文馆,所以他在"第二人生"网站建了一个。但是不久之后,他说道:"后院发生了一些事情,一个女吸血鬼经

---

① Anthony Crider, remarks at the AAAS Forum on Science and Technology Policy, Washington, DC, May 2008.

营了一家妓院,所以我必须重新修建它。"

　　他找到了"第二人生"的经营者,林登实验室(Linden Labs),最后却发现自己被国际空向飞行博物馆(International Spaceflight Museum)、旧金山(San Francisco)探索馆(Exploratorium)、丹佛大学(the University of Denver)、每周的美国国家公共电台(National Public Radio)节目《科学星期五》(Science Friday)、美国航空航天局和其他的一些组织所深深吸引。因为"我真的不想和我不喜欢的人打交道。"克莱德说道。他后来写了政策指导方针,对网站构建者进行了一些限制等。

　　克莱德说,并非所有关于"赛思岛"的观点都是正确且有用的。比如说,他提到美国航空航天局创立的网上课堂,人们可以观看 PPT 展示。"但是这没有丝毫的作用。"他说道。然而在其他的一些网站你可以看到丹佛大学的天文观测台。或者你可以站在火星表面观察着陆器降落,"当你走动的时候你甚至可以在月球表面留下脚印。"

　　你甚至可以拍电影,就像兰迪·奥尔森(Randy Olson),他在哈佛大学获得了生物学博士学位,拥有新罕布什尔州大学终身教职。他决定通过电影而不是课堂告诉人们什么是科学。在讲解有关神创论的争论之前他准备了一些小作品。他 2006 年纪录片《一群渡渡鸟》(Flock of Dodos)(渡渡鸟并不一定是你们所了解的)。关于气候变化的有 2008 年的电影《嘶嘶:全球变暖的喜剧》(Sizzle:A Global Warming Comedy)。他的电影看来轻松愉快而又趣味十足——一些过于严肃的科学家们估计会觉得它们过于滑稽可笑了。但是就像阿尔·戈尔以《一个难以忽视的真相》所显示的那样,电影可以教会人们很多东西。

　　决定成为一名电影制作者当然是一个改变人生的决定。如果你不想自己拍电影，你可以选择出演别人的电影或者参加电视节目。或者你也可以把一些东西放到视频网站（YouTube）。就像大型强子对撞机说唱歌手凯特·麦卡尔平，在她的视频网站成功后写道："如果科学家们花在博客或网站上写科学传播文章的时间和投入与他们花在科研上的时间与投入产生同样好的效果，那么他们肯定会高兴。"她补充说，"我们需要不断地把信息调整到没有受过专业培训的人能够理解接受、欣赏甚至是可以践行的水平。"[①]

　　或者你可以唱歌跳舞，我是说真的。

　　在 2008 年，美国罗德岛大学（the University of Rhode Island）授予包含反映政治、文化和自然资源之间关系的《尼罗河之歌》（*Song of the Nile*）的卡巴雷歌舞风格的表演《这是海岸》（*It's a Shore Thing*）奖项。一首关于入侵物种的歌《小心谨慎》（*Be Careful*）和一首关于南北极在全球空气调节过程中所起的作用的说唱节目《冰块是美好的》均获奖。

　　罗德岛大学这项工作的创造力源泉之一是朱迪思·斯威夫特（Judith Swift），一位人际交流学的教授，她在 20 世纪 80 年代在大学的海洋学研究生（Graduate School of Oceanography）开始写作"沿海酒店"。她所探索研究的话题与宇宙大爆炸（Big Bang）及海底的锰结核一样广袤无垠。她的许多创作歌曲都是基于学院全体科研人员的研究成果。

　　即使你的未来没有舞台灯光那般光彩夺目，单单为了那些努力我们也应该鼓掌。当你遇到别人进行这种创造性的艺术冒险时，不要诋毁他们的努力，为他们喝彩。

---

① Kate McAlpine, "Commentary: Rapping Physics," *Symmetry* 5, no.5 (November 2008).

莱斯大学(the Rice University)的物理学家、克林顿政府白宫科学顾问尼尔·兰林(Neal Lane)曾经这样说：

> "我相信在新时代科学共同体的领导者之中一定要有人民大众，我们每个人为了这其中的一个角色而找到了自己该走的道路……在此之前，科学和技术为美国梦的实现提供了切实可行的途径——更多的机会、更好地实现梦想、提高几乎所有人民群众的生活水平。我们的任务是向那些为我们的事业买单的人们传递科学过去的信息以及光明的未来。只有这样我们才能担保即使在这个责任与义务全新的时代，科学仍能作为一项一直有效的国家投资产业而备受人们青睐。"①

他在一篇文章中这样描述他为什么在弗吉尼亚州阿林顿(Arlington)扶轮社(Rotary Club)进行演讲。他说，因为他固执地相信将每一相关信息传递至普通大众是极其必要的。

如果你也同意这样的言论，那你就可以考虑在一个重要的场所，筹划并准备用同样的思想和能量举办一场科学的演讲。

应该使用 PPT 吗？我觉得不应该，因为 PPT 会使演讲者和他们的听众变得疏远。如果你一定要使用 PPT 的话，努力使你的 PPT 只是展示你演讲之外提到的一些事物，而不是只是随着你的演讲而进行的一系列 PPT 的展示。在由生物学家转变为电影制作者的奥尔森早期制作的一部电影中就很好地说明了这一点。电影展示了一位有名的科学家进行的一次著名演讲，在这次演讲中，这名科学家有接

---

① Neal Lane, "The Arlington Rotary Club," *American Scientist* 84(1996): 208.

近87％的时间里紧盯着自己的 PPT 而不曾注意到自己的听众。在做演讲的过程中请和你的听众互动起来而不是和你的 PPT 互动。

应该提前写出你的整个演讲流程吗？同样，我觉得不应该。列出你所演讲的重点，再由此进行发散演讲，这样你的演讲就会变得仿佛交谈一般，同时你又会再一次和你的听众形成一种更亲近的联系。当我做演讲时我总会把自己要讲的点用 14 号或是更大的字体打印出来，这样我就可以轻而易举地在讲台上读到自己的注释和笔记。（我承认我一直内疚于戴上眼镜而又摘下的反复的习惯性行为——但我已经在努力克服这一可能分散人们注意力的行为了。）

记住外行的听众不可能读过你手中的文献，而且他们只有很短的时间来读取你传递的信息。所以请用简单易懂的陈述句进行演讲，使你的主语、动词和宾语保持有序且逻辑清晰同时彼此相近。再说一遍，如果你不知道我在说什么，就请买一本英语用法书先进行学习。

避免在谈话中有脚注什么的，但是可以就你要讲解的任何研究的新发现做一段简单的描述。

提前进行练习。你可以录下自己演讲的音频和视频，自己听一遍或者观看一下。注意你的语速是否过快、吐字是否清晰。你提前练习得越多，你在台上正式做演讲时就越得心应手。

在新闻发布会上，如果有人问了你无法回答的问题，承认自己的确不知道问题的答案。如果可能的话，可以向提问者提供其他信息来源；如果可行的话，建议你主动提供给他们。如果你的听众中有人表现得不友善，告诉他们你将会和他们在发布会结束之后再进行讨论。在一个大会议室里，在问答环节让不友善的问答变得简短的一个办法是，在会议室两边各摆放一个麦克风。你可以简短回答不友善的提问,然后接着说,"下一个问题",马上转向会议室另一边的麦克风。

　　大多数人都对在公开场合讲话演讲等心有余悸,但是我可以就我的个人经历向你保证,这种事情你练习得越多就越觉得是小事一桩。

结论

1959年化学家和作家 C·P·斯诺(C. P. Snow)在英国剑桥的一次演讲中谈到"两种文化",即科学与人文,他看到它们之间越来越难以相互理解。"两种文化不能沟通或者不沟通这是危险的,"他说,"在一个科学决定了我们大部分命运的时代,也就是无论我们生与死,从最实际的角度来看,这是很危险的……当然,我们正以我们受一半教育的方式生活,努力去听那些显然是很重要的信息,但却像在听一种外国语言。"

如果说有什么不同的话,那就是斯诺的话在今天比在当时更真实。在《科学》杂志的一篇社论中,当时的美国科学促进会主席艾伦·莱什纳(Alan I. Leshner)总结了其中的原因,以及为什么如今科学技术的交流变得更为重要。[①]

莱什纳写道:"利益冲突和欺诈行为玷污了作为一个科学机构的声誉,更糟糕的是,这里似乎还存在越来越多的问题,科学立场挑战——或声称要挑战——深刻的宗教或政治信仰。这些问题包括进化、气候变化以及干细胞研究。随之而来的紧张局势有可能损害科

---

① C.P. Snow, *The Two Cultures* (Cambridge: Cambridge University Press, 1998),98.

学广泛服务其社会使命的能力,并可能削弱社会对科学的支持。"①

　　虽然美国人非常尊重工程师和科学家解决和回答重要问题的能力,但民意调查显示,很多人担心技术发展太快,技术带来的实惠让我们对重要的精神问题视而不见。

　　也许这种想法是激励莱昂·卡斯(Leon Kass)的动机,他在 2001年至 2005 年期间任职总统的生物伦理委员会主席,带头反对性革命、堕胎和人类胚胎干细胞研究。卡斯是那些相信技术进步会带来技术无法应对的精神和道德挑战的人之一。这种观点很普遍,而且有充分的理由。正如卡内基公司总裁兼布朗大学前校长瓦尔坦·格雷戈里安(Vartan Grergorian)曾经说过的那样:"卡斯的担忧在我们被信息淹没,被数据、突发新闻、新闻简报、传真和电子邮件垃圾包围的今天显得尤为重要。信息过剩使得整合和衔接知识变得更加困难。人类总是渴望意义和完整性,当人们没有能力或知识来区分事实和虚构,无法深入质疑,无法整合知识,无法看到生活的连贯性和意义时,他们会感到生活的核心是一种令人不安的空虚感。"②

　　通过解释他们的工作——特别是解释什么是激励他们开展工作的动力——科学家和工程师可以帮助公众理解和处理混乱的技术变革。格雷戈里安写道,在缺乏这种理解的情况下,公众可能会倾向于宗教"意识形态"、"邪教"或其他提供"所谓"指导的"导读和教义问答"(Cliffs Notes and catechisms)。

　　鼓励科学家和工程师在这样的环境下畅所欲言是很困难的。一方面研究机构需要变革,这样那些花时间和精力与公众交流和参与

---

① Alan I. Leshner, "Outreach Training Needed," *Science* 315 (January 12,2007): 161.
② Vartan Gregorian, "Grounding Technology in Both Science and Significance," *Chronicle of Higher Education*, December 9,2005, B3.

公共话语的专家就会得到回报，至少，他们不应该为此受到惩罚。正如莱什纳所写的那样："这将需要将科学传播工作纳入晋升和终身教职的指标之中。"①

如果这些和其他凡此种种的劝诫都达到了它们的目标，就会有新的要求，要求科学家和工程师在更广阔的世界中进行更广泛的参与，那么又要如何去满足这些要求呢？

一些人，比如《科学》杂志的编辑布鲁斯·艾伯特斯（Bruce Alberts），呼吁在研究生教育方面创立新的培养方案，"例如，让学生成为一名专业政策分析师、一名科学教育研究员、一名科学新闻记者或学区的科学课程专家。"②2008 年 7 月，美国科学院批准为对政策制定感兴趣的研究人员提供硕士学位级别的培训。但艾伯茨指出，这些课程可能会受到与标准博士课程分离和仅能提供有限指导的影响。

我自己的经验告诉我，有很多技术领域的研究生会对这门课程感兴趣。但我的经验也告诉我，他们面临着来自职业顾问和其他高级研究人员的反对，而这种反对将很难克服。作为一个社会，我们需要更广泛地了解研究人员履行社会义务的意义。在我看来，他们仅仅在学术文献中做出发现和报道是不够的。作为民主国家的公民，他们必须承担相应的义务，并且不仅仅是当他们的研究资金岌岌可危时才去承担。

例如，我希望任何科学领域的研究人员都能发现他们所在城镇的学生在学习何种关于进化的知识。如果他们对学校所教的内容不

---

① Leshner, "Outreach Training Needed."

② Bruce Alberts, "New Career Paths for Scientists," Science 320 (April 18,2008): 289.

满意,我希望他们能说出来。当他们看到科学被明显地以任何方式滥用时,我希望他们能说出来。我希望在他们的日常生活中,他们能帮助他们的朋友和邻居了解科学是如何运作的。

莱什纳称这是一种"全球地方化"(glocal)的方法:"把一个全球性的问题放在一个地方层面上,让它变得有意义。"[①]例如,他写道,科学家可以招募他们的非科学家朋友和邻居来为决策者提供科学帮助。

华盛顿律师、前共和党国会议员约翰·爱德华·波特(John Edward Porter)在 2008 年 5 月由美国科学促进会举办的论坛上向听众们传达了类似的信息。作为国会议员,波特领导着一个委员会,负责处理美国国立卫生研究院和美国疾病控制与预防中心的拨款问题。他告诉他的听众要经常思考他们该如何通过在公众和政府面前公开发言来推进科学事业。

他说:"我说的远不止是 11 月 4 日的投票和美国科学促进会的责任。"[②]在 2008 年总统大选前的 6 个月,他告诉听众,他们应该组织推举候选人担任下届总统的科学顾问,以及行政部门四五十名与科学有关的主要职位。他们还应该去除掉那些阻碍科学家和工程师参与政府服务的因素,比如低工资和不必要的限制性人事政策。

波特表示,他的听众应登录有选民指南的网站——例如他现在所领导的组织"研究美国"——去看看官员如何回应有关科学问题和其他事项的调查问卷。他说,如果没有回应,他们应该打电话或写信

---

① Alan I. Leshner, " 'Glocal' Science Advocacy," Science 319 (February 15,2008),877.

② John Edward Porter, remarks at the AAAS Forum on Science and Technology Policy, Washington, DC, May 2008.

询问原因。

他接着说，即使在政治淡季，研究人员也应该向各级政府的政治人物提供帮助。"问问你们自己，"他敦促美国科学促进会的听众们，"如果所有的候选人都有科学顾问或科学咨询委员会，岂不是很棒？"如果他们说他们没有，告诉他们你会为他们创造一个。把科学融入他们向选民传达的信息中。"他说，美国参众两院只有不到3％的议员接受过高级技术培训，"他们需要尽可能多的帮助。"

波特将自己描述为共和党温和派中的一员，他敦促听众不要只关注一个政党。首先，他说："你希望双方都致力于科学。"他补充说，在政治领域，事情变化很快，所以，一个今天看起来不可战胜的政客，可能在第二天就会出局。他的建议是：分散你的赌注。

他敦促读者撰写关于科学资助和其他问题的专栏文章。"带你们报社的科学记者出去吃午饭，在你所在的城镇的俱乐部发表演讲。或邀请你所在州的众议员和参议员来校园看看你的研究，总之，让他们尽可能多地接触公众。我保证他们会着迷的。即使他们不来，他们的员工也会来，他们也同样重要。"

这时，波特还在鼓舞大家。美国科学促进会论坛上他所在小组的主持人告诉他，他已经超时了，但他并没有停止。他继续说到："这个信息必须被听到！"

他说："从各方面来看，在美国，科学家都是最受尊敬的人。他们可以被倾听，但如果公众和政策制定者永远听不到他们的声音，永远看不到科学，永远不懂科学方法，那么它在国家优先事项清单中占据重要位置的可能性将会非常低。"

波特总结道："你可以安于现状，或者你可以走出你的舒适区，进入游戏，为科学带来改变……无论是我们还是美国科学促进会，任何其他团体都无法替您做到这一切。科学需要你。你的国家需要你。美国需要你为科学而战！"

大厅里爆发出热烈的掌声。我只希望那些拍手的人能按照这些建议去做。

本书重点介绍了为什么科学家和工程师应该更加积极地参与国家公共生活的实践、政治和政策方面的原因。但除此之外，还有另一个更重要的原因。

哥伦比亚大学物理学家，《优雅的宇宙》（*The Elegant Universe*）的作者布赖恩·格林（Brian Greene）在《纽约时报》的专栏上引用了这一点，当时他敦促读者，正如标题所说："在生活中增添一点科学"。不是因为它对你有用或有益，而是它对社会的进步很重要。他写道，这么做是因为在一个充满失望和不良行为的混乱世界里，研究机构给了我们希望。

他写道："科学是一个让我们从困惑到理解的过程，以一种精确、预测和可靠的方式——对于那些有幸体验它的人来说，这是变革性和情感化的。"[1]每当我想到加利福尼亚州帕洛马山上的 200 英寸望远镜时，我都会想到这一点。对于科学家和工程师来说，望远镜之所以引人注目，是因为多年来它是世界上最大的光学仪器，能够进行惊人的观测。对我来说，它的显著之处在于，它告诉我们人们和研究之间的关系。

尽管望远镜直到 1948 年才开始使用，但是在 1936 年，望远镜的镜面在纽约的康宁玻璃厂造好之后，被运往加利福尼亚。这次旅行

---

① Brian Greene, "Put a Little Science in Your Life," *New York Times*, June 1,2008, WK14.

花了 16 天时间。在全国各地，人们站在轨道上观看它。

我想我知道为什么。事情在 1936 年并没有那么顺利。这个国家仍处于大萧条的控制之下，在欧洲和亚洲，极权主义仍在蔓延。但制造镜面的工程师和使用它的天文学家满足了我们探索的愿望，以及人类探索自然环境永不止息的好奇心。我想那些沿着轨道看镜面经过的人都想参与这项伟大的研究探险。那时就像现在一样，科学研究为我们所有人提供了希望的灯塔。

致谢

我很感激那些多年来与我分享他们向普通大众传播科技方面的专业知识和直觉的人们。其中包括：

各位记者，包括保拉·阿塞尔、比尔·布莱克莫尔、杰夫·伯恩赛德、加雷斯·库克、史蒂夫·柯伍德，克里斯·乔伊斯、大卫·马拉科夫、乔·帕尔卡、肯·威斯，当然还有《纽约时报》的过去和现在的科学写作同事，包括娜塔莉·安吉尔、桑德拉·布莱克索尔、沃伦·E·利里、安德鲁·C·拉夫金、雪莉·盖伊·斯托尔伯格和乔治·弗里曼以及他在《纽约时报》法律部的同事们。

专业的科学传播者，包括南希·巴伦、里克·博尔切尔特、厄尔·霍兰德、弗兰克·考夫曼和丹尼斯·梅瑞狄斯。

公务员和科学学者及其他人，包括阿伦·阿尔达、舍伍德·贝勒特、弗农·埃勒斯、大卫·戈德斯顿、约翰·霍尔德伦、希拉·贾萨诺夫、约翰·纳斯、乔恩·米勒和威廉·A·乌尔夫。

我一直是他们智慧的受益者，但本书中的错误都是我认的。

我也非常感谢多年来参加我的研讨会的科学家、工程师和研究生，特别是那些向我提供反馈并与我保持联系以了解他们向公众开展工作的人。

我特别要感谢能够举办这些研讨会的人们，包括麻省理工学院的阿兰·莱特曼,布朗大学的安德里斯·范·达姆,罗德岛大学海洋研究生院的大卫·法默尔和杰克伦·德·拉哈佩,梅特卡夫环境与海洋报告研究所的创始主任,以及哈佛大学环境中心的詹姆斯·克勒姆和哈佛大学生物海洋学的亚历山大·阿格赛兹教授,是他们给了我第一次在大学任教的机会。

我很感谢我的经纪人詹姆斯·莱文和哈佛大学出版社编辑迈克尔·菲希尔对这个项目的热情。封面设计师吉尔·布里巴特和哈佛大学出版社的安妮·扎雷拉、苏珊·阿贝尔和凯特·布里克提供了宝贵的支持。我也非常感谢校对员迈克尔·贝克。朱莉·哈根也是一位勤奋和精明编辑的典范,我很幸运能得到她对我手稿的编辑帮助。

我特别要感谢亚历克斯·琼斯、伊迪丝·霍尔韦和哈佛大学肯尼迪政府学院新闻与公共政策中心的其他人,2003 年我在那里获得了很多研究和写作的资源。

最后,我要特别感谢约瑟夫·莱利维尔德,他是《纽约时报》的执行主编,他任命我为《科学》杂志的编辑;以及丹尼尔·施拉格,他是哈佛大学环境研究中心的主任,他使我能够与那里的研究生分享我对科学家如何与公众沟通的想法。

延伸阅读

经典书目

这些书应该列在每个研究者的阅读清单上。我的建议是：将它们添加到您的收藏中，并不时地使用它们。

1. Kuhn, Thomas S. *The Structure of Scientific Revolutions*. Chicago：University of Chicago Press，1996.

2. Merton，Robert K. *On Social Structure and Science*. Chicago：University of Chicago Press，1996. 请参阅第 20 章《科学的精神》(The Ethos of Science)、第 21 章《科学与社会秩序》(Science and the Social Order)和第 22 章《科学的奖励系统》(The Reward System of Science)。记住，默顿(Merton)写的不是他认为应该写的研究，而是研究本身。然后想想事情是如何变化的。

3. Snow, C. P. *The Two Cultures*. Cambridge：Cambridge University Press，1998.

这是斯诺 1959 年关于技术精英和文学知识分子分歧的剑桥大学瑞德系列讲座。他的话在今天可能比当时更有意义。我使用的版本包括他的演讲原文和修改后出版的文本。它们之间没有太多的差异，但这些差异具有启发性。

报告和写作

这里有一些关于报道和写作的有用书籍。其中一些，比如写作手册，处理的是一些细节问题，比如哪些单词应该缩写，哪些单词应该拼出来，什么时候用连字符，等等。其中有两个是经典之作，《写作法宝》(On Writing Well)和《英文写作指南》(Elements of Style)。它们都是非常有用的。

Blum, Deborah, and Mary Knudson. *A Field Guide for Science Writers*. Oxford：Oxford University Press，1997.

Booth，Vernon. *Communicating Science：Writing a Scientific Paper and Speaking at Scientific Meetings*. Cambridge：Cambridge University Press，2000.

Cappon, Rene J. *The Associated Press Guide to Good Writing*. Stamford, CT：Thomson Learning/ARCO，1982.

Clark, Roy Peter. *Writing Tools*. Boston：Little, Brown, 2006.

Elbow, Peter. *Writing with Power：Techniques for Mastering the Writing Process*. New York：Oxford University Press，1998.

Friedman, Sharon M., Sharon Dunwoody, and Carol Rogers, eds. *Scientists and Journalists：Reporting Science as News*. New York：Free Press, 1986.

Goldstein, Norm, ed. *The Associated Press Stylebook*. New York：Basic Books, 2004.

Kalbfeld, Brad. *Associated Press Broadcast News Handbook*. New York：McGraw-Hill, 2001.

Kern, Jonathan. *Sound Reporting：The NPR Guide to Audio Journalism and Production*. Chicago：University of Chicago Press，2008.

Kramer, Mark, and Wendy Call. *Telling True Stories：A Nonfiction Writer's Guide from the Neiman Foundation at Harvard University*. New York：Plume, 2007.

Rabiner, Susan, and Alfred Fortunato. *Thinking Like Your Editor：How to Write Serious Nonfiction—and Get It Published*. New York：W. W. Norton, 2002.

Rosenberg, Barry J. *Spring into Technical Writing for Scientists and Engineers*. Reading，MA：Addison-Wesley, 2005.

Siegal, Allan M. , and William G. Connolly. *The New York Times Manual of Style and Usage*. New York: Three Rivers Press, 2002.
Strunk, William, and E. B. White. *Elements of Style*, 50th anniversary ed. Upper Saddle River, NJ: Longman, 2008.
Zinsser, William. *On Writing Well*, 30th anniversary ed. New York: Collins, 2006.

阅读其他作家

有许多关于科学技术的著作。它们中的一些每年都会出版。以下是最近的四个例子：

Groopman, Jerome, ed. *Best American Science and Nature Writing 2008*. Boston: Houghton Mifflin, 2008.
Nasar, Sylvia, ed. *Best American Science Writing 2008*. New York: Harper Perennial, 2008.
Thompson, Clive, ed. *The Best of Technology Writing 2008*. Digital Culture Books, 2008.
The Oxford Book of Modern Science Writing. Ed. Richard Dawkins. Oxford: Oxford University Press, 2008.

如果你想采取一种更非传统的方式,阅读一些科学题材的戏剧作品。我认为,它们对想成为科学作家的人来说是有用的指导,因为从事科学题材的剧作家必须清楚地解释技术主题,以便听众在很短的时间内能够理解他们,而且他们的作品必须引人入胜。下面是一些很好的例子——故事性强、引人入胜,且内容准确。

Auburn, David. *Proof*. London: Faber and Faber, 2001.
Edson, Margaret. *Wit*. London: Faber and Faber, 1999.
Frayn, Michael. *Copenhagen*. Norwell, MA: Anchor, 2000.
Parnell, Peter. *QED*. New York: Applause Books, 2002.
Stoppard, Tom. *Arcadia*. London: Faber and Faber, 1994.

信息的可视化显示

菲利斯·弗兰克尔和爱德华·图夫特的工作之所以有趣,不仅是因为他们惊人的技术技能,还因为他们为科学或技术信息的视觉展示带来的深思熟虑、想象力和智慧。查阅他们的书籍并不能让你在展示数据方面与他们平起平坐——也许没有人能比得上他们——但是你可以在自己的实验室里收集一些有用的想法来完成这项任务。

Frankel, Felice. *Envisioning Science: The Design and Craft of the Science Image*. Cambridge, MA: MIT Press, 2002.
Frankel, Felice, and George M. Whitesides. *On the Surface of Things: Images of the Extraordinary in Science*. Cambridge, MA: Harvard University Press, 2007.
Tufte, Edward. *Envisioning Information*. Cheshire, CT: Graphics Press, 1990.
Tufte, Edward. *The Visual Display of Quantitative Information*. Cheshire, CT: Graphics Press, 2001.

与公众和政府官员打交道

Baron, Nancy. *Escape from the Ivory Tower: A Guide to Making Your Science Matter*. Washington, DC: Island Press, 2010.
Hayes, Richard, and Daniel Grossman. *A Scientist's Guide to Talking with the Media*. New Brunswick, NJ: Rutgers University Press, 2006.
Kuchner, Marc J. Marketing for Scientists: *How to Shine in Tough Times*. Washington, DC: Island Press, 2011.
Meredith, Dennis. *Explaining Research: How to Reach Key Audiences to Advance Your Work*. Oxford: Oxford University Press, 2010.
Pielke, Roger A. , Jr. *The Honest Broker: Making Sense of Science in Policy and Politics*. Cambridge: Cambridge University Press, 2007.
Welch-Ross, Melissa K. , and Lauren G. Fasig, eds. *Handbook on Communicating and Disseminating Behavioral Science*. Los Angeles: Sage Publications, 2007.
Wells, William G. , Jr. *Working with Congress: A Practical Guide for Scientists and Engineers*, 2nd ed. Washington, DC: American Association for the Advancement of Science, 1996.

参考书目

Adam, Pegie Stark, et al. Eyetracking the News: A Study of Print and Online Reading. St. Petersburg, FL: The Poynter Institute, 2007.

Agin, Dan. Junk Science. New York: Thomas Dunne Books/St. Martin's Press, 2007.

Angell, Marcia. Science on Trial: The Clash of Medical Evidence and the Law in the Breast Implant Case. New York: W. W. Norton, 1996.

Bethell, Tom. The Politically Incorrect Guide to Science. Washington, DC: Regnery, 2005.

Booth, Vernon. Communicating Science: Writing a Scientific Paper and Speaking at Scientific Meetings. Cambridge: Cambridge University Press, 2000.

Crossen, Cynthia. Tainted Truth: The Manipulation of Fact in America. New York: Touchstone, 1996.

Faigman, David L. Laboratory of Justice. New York: Times Books, 2004.

———. Legal Alchemy: The Use and Misuse of Science in the Law. New York: W. H. Freeman, 1994.

Federal Justice Center. Reference Manual on Scientific Evidence, 2nd ed. Eagan, MN: West Group, 2000.

Federal Rules of Evidence. Louisville, CO: National Institute for Trial Advocacy, 2003.

Foster, Kenneth R. , and Peter W. Huber. Judging Science: Scientific Knowledge and the Federal Courts. Cambridge, MA: MIT Press, 1997.

Frank, Marcie. How to Be an Intellectual in the Age of TV. Durham, NC: Duke University Press, 2005.

Friedman, Sharon M. , et al. , eds. Communicating Uncertainty. Philadelphia: Lawrence Erlbaum Associates, 1999.

Gant, Scott. We're All Journalists Now: The Transformation of the Press and Reshaping of the Law in the Internet Age. New York: Free Press, 2007.

Gigerenzer, Gerd. Calculated Risks: How to Know When the Numbers Deceive You. New York: Simon and Schuster, 2002.

Golan, Tal. Laws of Men and Laws of Nature. Cambridge, MA: Harvard University Press, 2004.

Goldstein, Tom. Journalism and Truth: Strange Bedfellows. Evanston, IL: Northwestern University Press, 2007.

Greenberg, Daniel S. Science, Politics, and Money: Political Triumph and Ethical Erosion. Chicago: University of Chicago Press, 2001.

Hartz, Jim, and Rick Chappell. Worlds Apart: How the Distance between Science and Journalism Threatens America's Future. Nashville: First Amendment Center, 1997.

Hayes, Richard, and Daniel Grossman. A Scientist's Guide to Talking with the Media: Practical Advice from the Union of Concerned Scientists. New Brunswick, NJ: Rutgers University Press, 2006.

Jacoby, Susan. The Age of American Unreason. New York: Pantheon Books, 2008.

Jasanoff, Sheila. The Fifth Branch. Cambridge, MA: Harvard University Press, 1990.

———. Science at the Bar: Law, Science, and Technology in America. Cambridge, MA: Harvard University Press, 1995.

Krimsky, Sheldon. Science in the Private Interest: Has the Lure of Profits Corrupted Biomedical Research? Lanham, MD: Rowman and Littlefield, 2004.

Kuhn, Thomas S. The Structure of Scientific Revolutions. Chicago: University of Chicago Press, 1996.

Marshall, Stephanie Pace, et al. , eds. Science Literacy for the Twenty-first Century. Amherst, NY: Prometheus Books, 2003.

Merton, Robert K. On Social Structure and Science. Chicago: University of Chicago Press, 1996.

————. The Sociology of Science. Chicago: University of Chicago Press, 1973.

Morgan, Scott, and Barrett Whitener. Speaking about Science: A Manual for Creating Clear Presentations. Cambridge: Cambridge University Press, 2006.

National Science Foundation. Science and Engineering Indicators 2006. Arlington, VA: National Science Board, 2006.

Park, Robert. Superstition: Belief in the Age of Science. Princeton, NJ: Princeton University Press, 2008.

————. Voodoo Science: The Road from Foolishness to Fraud. New York: Oxford University Press, 2000.

Pielke, Roger A. , Jr. The Honest Broker: Making Sense of Science in Policy and Politics. Cambridge: Cambridge University Press, 2007.

Rabiner, Susan, and Alfred Fortunato. Thinking Like Your Editor: How to Write Serious Nonfiction—and Get It Published. New York: W. W. Norton, 2002.

Ropeik, David, and George Gray. Risk. Boston: Houghton Mifflin, 2002.

Slovic, Paul. The Perception of Risk. London: Earthscan, 2002.

Snow, C. P. The Two Cultures. Cambridge: Cambridge University Press, 1998.

Watson, James D. Avoid Boring People: Lessons from a Life in Science. New York: Oxford University Press, 2007.

Wells, William G. , Jr. Working with Congress: A Practical Guide for Scientists and Engineers, 2nd ed. Washington, DC: AAAS, 1996.

译后记

科学家如何与公众沟通一直是科学传播领域的研讨热点。在信息时代,随着媒体格局的改变,科学家的角色也发生着变化。科学家如何利用他们的卓越影响促进公众对科学的理解和参与?本书作者科妮莉亚·迪安试图回答这一问题。迪安曾是美国《纽约时报》"科学时报"栏目的编辑,她拥有多年与科学家、媒体打交道的专业经验。

迪安首先讨论了科学家与媒体互动的本质。她认为媒体是科学家与公众沟通的重要桥梁,具有辐射性的传播效果;必须改变那些轻视大众媒体、认为媒体经常误导或炒作严肃学术工作的科学家的态度。作者敦促科学家们克服他们的制度性沉默,让他们的声音能够在学术圈之外的地方被听到。接着,作者探讨了科学家与公众沟通的价值和紧迫性,从许多方面给科学家提供了简洁明了的指南,包括"在广播和电视上讲故事"、"在线讲述科学故事"、"科技写作"、"专栏写作"等。最后,迪安指出科学家应该积极参与政策制定。她认为政策制定者制定、处理与科技相关政策时,他们应该知晓全面、客观、最新的信息,而这些信息只能来自科学家和工程师。作者在书中引用了一名美国政治家所说的一段话:"科学家应该积极甚至热心地参与政策争论,事实上,不论是作为受过教育的公民,还是作为相关领域的教授——更不用说作为公共支持的受益人——科学家有义务为政策制定出谋划策——为社区,为他们所在的州,为国家,甚至为整个世界。"科学家利用他们的知识和技能应对当今最紧迫的社会挑战的同时,他们也能够直接了解国家决策,并在政策制定领域贡献他们的知识和专业技能。

在本书翻译、校对的过程中,我得到了北京师范大学国际交流与合作处韩瑞连博士、中央财经大学国际经济与贸易学院王彦雯同学、北方工业大学经济管理学院周颖同学的大力帮助和支持,对她们付出的宝贵时间和精力在此致以诚挚的感谢。鉴于译者水平有限,书中难免出现错误和疏漏之处,敬请读者批评指正。

张会亮